기본부터 시작하는
사워도우 홈베이킹
fresh and healthy sourdough from your kitchen

전민정 지음

기본부터 시작하는 사워도우 홈베이킹

발 행 | 2023년 03월 23일
저 자 | 전민정
펴낸이 | 한건희
펴낸곳 | 주식회사 부크크
출판사등록 | 2014.07.15(제2014-16호)
주 소 | 서울특별시 금천구 가산디지털1로 119 SK트윈타워 A동 305호
전 화 | 1670-8316
이메일 | info@bookk.co.kr

ISBN | 979-11-410-2121-4

www.bookk.co.kr
ⓒ 전민정 2023

들어가며

2018년 9월, 비교적 늦은 나이에 제과제빵 공부를 시작해 1학기 스킬 수업에서 배웠던 사워도우에 처음으로 매력을 느꼈습니다. 그 이후 사워도우를 더 깊이 경험해보고 싶어 이탈리안 베이커리인 Forno Cultura에서 제빵사로는 처음으로 파트타임을 시작하게 되었습니다. 직접 만져보고, 맡아보고, 먹어보는 현장에서만 얻을 수 있는 모든 감각과 느낌은 하나하나가 쌓여 소중한 경험이 되었습니다. 지금도 생생히 기억나는 베이커리 스타터의 향기는 잘 익은 과일의 상큼함과 신선한 요거트 향이 났습니다. 토론토의 긴 겨울, 새벽까지 빵을 굽는 작업은 평범한 노동시간은 아니지만, 함께 일하는 동료들의 경험과 열정이 저를 더욱더 사워도우 베이킹에 빠지게 했습니다. 쉬는 날, 학교 방학, 빵을 구울 수 있는 시간 틈틈이 직접 기르고 있는 스타터로 빵을 만들고, 기다리고, 굽는 것은 남편과 둘 뿐인 타지에서의 일상생활을 풍요롭게 하는 최고의 즐거움이었습니다.

일본으로 돌아와 제일 먼저 한 일은 건조한 스타터를 되살리는 것이었습니다. 제과제빵으로는 남들보다 시작이 빠르지 않았던 만큼 찾아가서 먹어보고, 베이커리의 작업장에서 뿐만 아니라 집에서도 수없이 테스트해 보면서 저만의 새로운 배합의 수많은 기록을 쌓아 갔습니다. 감사하게 찾아온 임신으로 베이커리 일을 쉬게 되면서 지금이야말로 현재까지의 기록을 더 많은 사람에게 책으로 공유해줄 수 있는 뜻깊은 타이밍이라고 생각했습니다.

가정에서는 어렵다고 생각하기 쉬운 천연발효빵 만들기의 기초인 천연발효종(스타터)부터 제과제빵에서의 레시피인 배합표를 통해 반죽의 이해와 활용도를 높이고자 노력했습니다. 사워도우 베이킹은 반죽을 하고, 빵으로 구워내기까지 다른 빵 만들기에 들어가는 수고로움보다 훨씬 긴 작업입니다. 하지만 기다리는 시간과 기대만큼 그 소중한 기쁨을 느낄 수 있는 행복한 작업이 사워도우라고 생각합니다. 기초를 다듬고 한 단계 나아가려는 베이커 분들에게 가정에서도 다양한 천연발효빵 만들기를 즐기시는데 이 책이 조금이나마 도움이 되시길 기원합니다.

CONTENTS

Part 1. 사워도우 만들기 준비 과정

천연발효종, 사워도우 스타터 만들기

사워도우 스타터란 Sourdough starter?

사워도우, 즉 천연발효빵을 만들기 위해 시작하는 것입니다. 스타터 없이는 사워도우를 만들 수 없고, 상업용 이스트만으로는 그 맛과 풍미를 흉내 낼 수 없습니다. 천연발효빵은 말 그대로 상업용 이스트 대신 물과 곡물가루로부터 자연적으로 길러진 효모, 미생물의 혼합물인 스타터를 이용해 발효시켜 만든 빵을 말합니다.

상업적으로 대량 생산된 이스트가 나오기 전 시대의 빵은 밀가루(곡물가루)와 물의 혼합물을 발효시켜 빵을 만들었습니다. 혼합물 속에는 시간이 지남에 따라 다양한 미생물이 발생하는데 이것으로 인해 빵 반죽이 발효되어 부풀어 오르고 굽는 과정을 통해 우리가 먹을 수 있는 빵이 만들어진 것입니다. 다음날 빵 반죽을 위해 남겨진 이 혼합물(스타터)의 일부에 밀가루와 물을 더해 다시 사용되었고 이처럼 오래되었지만, 자연적인 빵 발효의 프로세스는 오늘날까지 사워도우를 만드는 데 사용됩니다.

김치가 숙성 및 발효 과정을 거치면서 깊은 맛과 더불어 신맛이 생성되고 익어가듯, 스타터도 여러 미생물에 의해 생성된 다양한 유기산 발효로 신맛과 향뿐만 아니라 곡물의 구수하고 복합적인 풍미를 갖습니다. 영어로는 'Sour' 시큼한 뜻의 '사워'라는 표현은 이러한 천연발효종인 스타터로 만들어진 빵을 지칭하여 천연발효빵을 사워도우 또는 사워도우 브레드라고도 합니다.

- 캉파뉴Campagne는 소량의 상업 이스트가 포함되는 경우가 있기 때문에 이 책에서는 천연발효빵에 캉파뉴라는 단어를 사용하지 않겠습니다.
- 천연발효종인 스타터는 사워도우 스타터라고도 불리며, 때로는 르방Levain 또는 컬처 스타터Culture starter라는 용어를 사용하기도 합니다.

▶ 스타터 만드는 기본 재료

• 호밀가루 또는 통밀가루

스타터를 만들고 유지하는데 사용되는 호밀과 통밀은 모두 알갱이 없는 고운 가루여야 합니다. 호밀은 미생물이 살기에 좋은 환경이며, 호밀가루가 통밀가루보다 발효 속도가 빠르므로 클래식 스타터 만들기에 수월합니다.

• 강력분 또는 준강력분

유기농 밀가루를 사용하면 본래의 천연 효모들이 더 많이 함유되어 있어 좋지만, 무표백 무방부제 제품이라도 사용하는 것이 좋습니다.

• 물

일반적으로 미지근한 온도의 일반 수돗물을 사용(25~30℃)합니다. 기온이 낮은 환경에서는 약간 높은 온도, 무더운 여름과 같이 기온이 높을 환경에서는 살짝 낮은 온도의 물을 사용합니다.

▶ 기본 도구

• 저울

• 충분한 사이즈의 투명 용기

• 스푼과 실리콘 스패츌러

• 온도계(옵션)

▶ 스타터 만드는 환경

• 직사광선이 닿지 않는 26~28℃ 정도의 실온으로 계절에 주의해 환경을 맞춰줍니다.

• 온도가 높을수록 발효 속도는 빨라지고, 반대로 서늘한 겨울일 경우 발효 속도가 비교적 느려집니다.

• 작업 온도가 높은 베이커리와는 다르게 실내 기온이 낮은 가정에서는 오븐의 발효 기능을 이용하거나, 뜨거운 물이 담긴 용기를 오븐 또는 넉넉한 용기 안에 스타터와 함께 넣어 따뜻한 환경을 만들어주면 발효에 도움이 됩니다.

▶ 시작 전 체크 사항

• 사용하는 용기와 도구는 항상 깨끗하게 관리합니다. 재료를 섞은 뒤, 스패출러로 용기 주위를 항상 깨끗하게 해주며, 다음날로 넘어가는 과정에서 용기를 되도록 매번 세척해주는 것이 좋습니다.

• 스타터 만들기를 시작하기 전, 사용할 용기의 무게를 재어 기록해둡니다.

• 용기의 크기에 따라 비율대로 재료의 양을 조절합니다.

• 용기가 넓어 섞은 반죽이 얇게 깔린다면 비율을 2배 이상 늘려 주는 것이 좋습니다. 반죽 양이 어느 정도 되어야 반죽의 온도와 습도가 유지되고 발효 과정이 원활히 일어나기 때문입니다. 일반적으로 반죽 양이 많아질수록 발효는 빨라집니다.

• 실내 기온이 따뜻한 편(또는 여름)이면 물의 온도를 낮추고, 실내 기온이 서늘하다면 물의 온도를 높여 줍니다.

• 재료를 섞은 뒤 고무줄이나 테이프로 발효 전 높이를 표시해두면 발효가 얼마큼 진행되는지 한눈에 확인하기 쉽습니다.

클래식 스타터
호밀 가루와 물로 시작하는 정석의 발효종

1일 차

재료	비율	무게
호밀가루	100%	100g
물	130%	130g
합계	230%	230g

뚜껑을 느슨하게 덮고 직사광선이 없는 비교적 따뜻한 곳에 24~48 시간 둔다.

*12시간마다 혼합물을 뒤섞어준다.

1일 차에서 2일 차로 진행할 때는 대부분 시각적으로 큰 변화가 없다. 또한 온도와 습도가 동시에 너무 높으면 표면에 곰팡이가 생길 수 있으니 주의한다.

2일 차

재료	비율	무게
1일차	70%	70g
호밀가루	50%	50g
밀가루	50%	50g
물	115%	115g
합계	285%	285g

뚜껑을 느슨하게 덮고 직사광선이 없는 비교적 따뜻한 곳에 24시간 둔다.

3일 차

2일 차와 동일한 비율로 섞어준다.(2일 차 표 참고)

뚜껑을 느슨하게 덮고 직사광선이 없는 비교적 따뜻한 곳에 24 시간 둔다.

4일 차

재료	비율	무게
3일차	60%	60g
호밀가루	30%	30g
밀가루	70%	70g
물	100%	100g
합계	260%	260g

뚜껑을 느슨하게 덮고 직사광선이 없는 비교적 따뜻한 곳에 24시간 둔다.

5-1일 차

4일 차와 동일한 비율로 섞어준다.(4일 차 표 참고)

뚜껑을 느슨하게 덮고 직사광선이 없는 비교적 따뜻한 곳에 12시간 둔다.

5-2일 차

재료	비율	무게
5-1일차	40%	40g
호밀가루	10%	10g
밀가루	90%	90g
물	80%	80g
합계	220%	220g

뚜껑을 느슨하게 덮고 직사광선이 없는 비교적 따뜻한 곳에 12시간 둔다.

6일 차

5-2일 차와 동일한 비율로 섞어준다. (5-2일 차 표 참고)
뚜껑을 느슨하게 덮고 직사광선이 없는 비교적 따뜻한 곳에서 3~5시간 실온 발효 후, 부피가 약 1.5배 팽창했을 때 냉장 보관한다.

요거트 스타터

쉽게 시작할 수 있는 요거트 스타터

▶ 알맞은 요거트 사용

산도조절제, 유화제, 젤라틴 등과 같은 기타 첨가물이 들어있지 않은 플레인 요거트로 필요한 양을 하루 정도 상온 보관한 다음 사용한다.

1일 차

재료	비율	무게
통밀가루	100%	90g
물	100%	90g
요거트	100%	90g
꿀	10%	9g
합계	310%	279g

뚜껑을 느슨하게 덮고 직사광선이 없는 비교적 따뜻한 곳에 24~48시간 둔다.
*12시간마다 혼합물을 뒤섞어준다.

1일 차에서 2일 차로 진행할 때는 대부분 시각적으로 큰 변화가 없다. 또한 온도와 습도가 동시에 너무 높으면 표면에 곰팡이가 생길 수 있으니 주의한다.

2일 차

재료	비율	무게
1일차	100%	100g
통밀가루	50%	50g
밀가루	50%	50g
물	100%	100g
합계	300%	300g

뚜껑을 느슨하게 덮고 직사광선이 없는 비교적 따뜻한 곳에 24시간 둔다.

3일 차

재료	비율	무게
2일차	60%	60g
통밀가루	10%	10g
밀가루	90%	90g
물	80%	80g
합계	240%	240g

뚜껑을 느슨하게 덮고 직사광선이 없는 비교적 따뜻한 곳에 24시간 둔다.

4일 차

재료	비율	무게
3일차	40%	40g
통밀가루	10%	10g
밀가루	90%	90g
물	80%	80g
합계	220%	220g

뚜껑을 느슨하게 덮고 직사광선이 없는 비교적 따뜻한 곳에서 3~5시간 실온 발효 후, 부피가 약 1.5배 팽창했을 때 냉장 보관한다.

일단 스타터가 완성되면 최종 비율로 주기적으로 새롭게 섞어주며 관리해주는 것이 중요합니다.
- 클래식 스타터 6일 차 비율
- 요거트 스타터 4일 차 비율

다양한 온라인 채널, 서적, 사워도우 베이커마다 각기 조금씩 다른 비율과 방법의 스타터 만들기를 소개하고 있습니다. 결론적으로 스타터 만들기 비율은 명확하게 정해져 있는 것이 아닙니다. 그렇기 때문에 본 책에서 제시하는 비율을 유지하고 관리하는 것이 익숙해지면 곡물가루의 종류 뿐만 아니라 전체적인 비율을 조절해보면서 나만의 스타터를 만들어보는 것도 매우 흥미로운 과정입니다.

다음 장에서는 스타터 먹이 주기, 즉 주기적으로 새롭게 섞어주며 관리해주는 것이 왜 중요한지 알아보겠습니다.

스타터 관리

스타터 먹이 주기란 How to refresh/feed your sourdough starter?

우리가 활동하기 위해 꾸준히 물과 음식을 섭취하듯 스타터 속 미생물과 효모 활동을 위해 정기적으로 신선한 밀가루(곡물가루)와 물을 공급해줘야 합니다. 활발하고 신선한 스타터는 천연발효에 관여하는 다양한 미생물과 발효산물을 만들기에 충분한 힘을 갖게 됩니다. 그래야 발효력이 좋은 신선한 스타터를 유지할 수 있고, 스타터의 발효력은 결과적으로 이상적인 빵의 볼륨과 형태로 연결되기 때문입니다. 따라서 스타터가 만들어지면 정기적으로 먹이 주기, 즉 일정 비율로 다시 섞어 스타터가 건강한 발효력을 계속 유지할 수 있도록 해줍니다.

스타터의 발효력은 일정 기간이 지나면 점점 감소하고, 시간이 지남에 따라 pH 값이 낮아집니다. pH4~6 정도의 산도는 미생물과 효모가 활동하기에 최적으로 빵을 부풀게 하는 이산화탄소를 생성하기에 적합한 수치입니다. 그러나 너무 낮은 pH는 오히려 빵의 볼륨뿐만 아니라 신맛의 증가로 맛에도 영향을 줍니다.

먹이를 준 스타터는 시간이 지남에 따라 미생물과 효모에 의한 발효과정으로 최대 부피에 도달한 뒤 감소하기 시작합니다. 스타터의 발효력은 빵 반죽의 발효에 영향을 줍니다. 스타터의 발효속도를 늦추고 신선함을 유지하기 위해 우리는 저온 냉장 보관을 해줍니다. 하지만 냉장고에 보관된 신선식품이라도 시간이 지남에 따라 신선도가 낮아지는 것처럼 냉장 보관된 스타터 역시 실온 보관하는 것보다는 현저히 느린 속도지만 점차 발효력이 떨어지게 됩니다. 발효력이 충분하지 못한 스타터로 빵 반죽을 하는 것은 결과적으로 충분한 빵의 볼륨과 모양, 그리고 좋은 풍미를 얻을 수 없습니다.

매일 같이 작업하는 베이커리에서는 어제 반죽에 사용하고 남은 스타터에 일정 비율의 밀가루와 물을 보충하는 리프레쉬 작업(먹이 주기)으로 스타터를 발효시킵니다. 그 스타터는 오늘 빵 반죽에 사용하고, 그날의 모든 믹싱 작업이 끝날 때 내일 사용을 위한 스타터 리프레쉬 작업을 반복해줍니다. 하지만 가정에서는 베이커리와 달리 신선한 스타터가 매일 필요하지 않을 수 있습니다. 냉장 보관하더라도 오랫동안 방치된 스타터는 결국 빵 반죽에 사용할 수 없는 상태가 됩니다. 그러므로 빵을 자주 만들지 않는 비수기에 적어도 2주에 한 번은 리프레쉬해주는 과정을 추천합니다. 정성스레 만든 스타터를 쓸모없게 만들기에는 그 노력과 시간이 아깝지 않도록 주의를 기울여 관리해주는 것이 필요합니다.

▶ 체크 사항
- 기본적으로 일주일에 한 번 먹이 주기
- 스타터 먹이 주기 비율도 빵 작업을 해주는 양에 따라 늘리거나 감소시키기

스타터 건조하기

여러 이유로 장기간 사워도우 베이킹을 보류해야 할 때 우리의 스타터를 잠시 잠재워둘 필요가 있습니다. 건조하는 것은 먹이 주기 없이 스타터를 몇 달, 몇 년 동안 보관하는 가장 좋은 방법입니다.

▶ 준비물: 스타터, 밀가루, 물, 유산지 또는 베이킹 시트, 넓게 펴 바를 도구

1. 제일 먼저 해야 할 일은 스타터가 깊은 휴식기에 들어가기 전 먹이 주기를 해주는 것입니다. 이때 물의 비율만을 높여 밀가루, 물, 스타터의 비율이 100%, 100%, 40%로 묽게 만들어줍니다. 표면으로 올라오는 거품들의 활발한 움직임과 함께 발효의 정점으로 다다를 때까지 충분히 실온 발효시켜줍니다.

2. 몇 장의 유산지 또는 베이킹 시트 위에 스타터를 얇게 펴 바른 다음 실온에서 건조합니다. 가장 가운데 스타터까지 완전히 굳어야 하므로 두껍게 바르지 않는 것이 좋습니다.

3. 완벽하게 건조된 스타터는 베이킹 시트에서 자연스레 떨어지고 쉽게 부서집니다. 일반적으로 일주일이면 충분히 건조되지만, 날씨와 계절에 따른 습도 차이가 있어 건조상태를 살피는 것이 좋습니다.
기계를 이용하는 방법으로는 식품 건조기에 넣어 30℃에서 72시간 정도 자연 건조해줍니다.

4. 이렇게 건조된 스타터는 손으로 작은 조각의 칩으로 나눠 밀봉하거나, 믹서기에 곱게 분쇄해 밀폐 보관해줍니다.
*주의사항
완전히 건조되지 않는 상태에서 보관하게 되는 경우 곰팡이가 필 우려가 있으므로 완전히 건조하는 것이 중요합니다.

스타터 되살리기

건조된 스타터를 이전의 스타터로 되돌릴 때는 정확한 무게보다 부피의 비율로 작업해줍니다.
▶ 준비물: 건조 스타터, 밀가루, 물, 넉넉한 사이즈의 용기, 계량컵 또는 기준이 되는 용기, 섞을 도구

1. 작은 조각으로 부순 건조된 스타터와 미지근한 물을 1:2 비율로 용기에 넣습니다. 건조된 스타터가 물에 개이도록 시차를 두고 중간중간 섞어줍니다. 스타터 조각이 두껍고 클수록 시간이 오래 걸립니다.

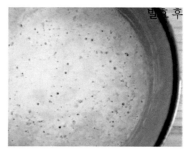

발효 후

2. 건조된 스타터가 물에 완전히 개이면 불투명한 액체로 변합니다. 밀가루를 물과 동량으로 1에 넣고 섞어줍니다. 결과적으로 이때 혼합물의 비율은 스타터:물:밀가루 1:2:2가 됩니다. 가볍게 덮고 28℃ 이상의 비교적 따뜻한 곳에서 표면에 작은 거품과 발효로 인한 구멍이 생성될 때까지 12~24시간 정도 보관합니다. 이때 온도가 낮을수록 스타터 활성은 오래 걸립니다.

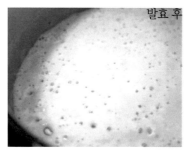

발효 후

3. 2의 스타터 혼합물:물:밀가루를 1:1:1 비율로 섞어줍니다. 사용하는 용기로부터 넘치지 않도록 1:1:1 비율로 적당량을 잡아주고 남은 스타터는 사용하지 않아도 됩니다. 가볍게 덮고 28~30℃ 정도의 비교적 따뜻한 곳에서 6~12시간 보관합니다. 시간이 지난 스타터 표면에서 보이는 작은 거품의 활발한 상태를 확인합니다. 이후에는 정기적인 먹이 주기 루틴으로 돌아가면 됩니다.

4. 불필요한 스타터는 버리고 기존의 정기적인 먹이 주기 비율과 루틴으로 실온 보관한 다음 냉장 보관합니다.

사전 반죽의 종류와 이해

사전 반죽이란?

이 책의 레시피를 소개하기에 앞서 제과제빵에서 사전 반죽Preferment과 배합표Baker's percentage의 개념을 알고 가면 레시피를 이해하는 데 도움이 됩니다.

사전 반죽은 영어로 Preferment(또는 PF)라고 하며 의미를 살펴보면 'pre=미리 ferment발효시키다'입니다. 즉, 빵을 만들 때 밀가루와 물, 때로는 이스트와 소금 등 전체 양의 일부분을 미리 반죽하여 발효시킨 다음, 본 반죽에 섞어 사용하는 반죽을 말합니다.

사전 반죽은 크게 시판 이스트가 들어가는 스폰지Sponge, 폴리쉬Poolish, 비가Biga 등의 사전 반죽과 천연발효종(스타터)으로 만들어진 사전 반죽이 있습니다.

이 책의 대부분의 레시피는 신선한 스타터를 이용해 사전 반죽을 준비하는 것으로 작업이 시작됩니다. 번거롭지만 사전 반죽을 준비하는 이유는 크게 다음과 같습니다.

첫째, 시판 이스트 사용 없이도 스타터 발효의 힘을 최대한 살리기 위해서입니다.

둘째, 가정에서 사워도우를 만들 때 매번 먹이 주기 작업을 할 필요 없이 신선한 사전 반죽으로 반죽을 시작할 수 있고, 먹이 주기에서 발생하는 버려지는 스타터 양을 감소시킬 수 있습니다.

셋째, 발효가 진행되고 있는 사전 반죽을 더함에 따라 완성된 본 반죽의 발효 시간을 단축할 수 있습니다.

마지막으로 설탕과 유지의 함량이 높으면 효모(발효에 필요한 미생물)의 증식이 억제되는데, 설탕과 유지 함량이 비교적 높은 스윗사워도우에서도 사전 반죽을 사용하게 되면 높은 지방과 당에도 강한 발효의 힘을 가질 수 있습니다.

▶ 사전 반죽 사용 시 주의사항

• 사전 반죽 재료를 섞을 때는 글루텐을 만들 필요 없이, 지나치게 섞지 않고 재료들이 어우러질 정도로만 섞어주면 됩니다.

• 발효가 진행되면서 부피가 증가하고 최고점에 이르면 부푸는 힘이 약간 정체되다가 표면은 주름진 것처럼 보이기 시작합니다. 이 상태가 몇 시간 동안 유지될 수 있지만, 이 기간이 지나면 산도가 높아지고 오히려 발효 힘이 저하되기 때문에 주의해야 합니다.

• 묵은 반죽(남은 반죽)은 글루텐이 이미 발달된 반죽이기 때문에 본 반죽 완성되는 시점에 첨가되어야 합니다. 이 외의 사전 반죽은 본 반죽이 시작되는 시점 또는 오토리즈 후에 넣어주는 것이 일반적이지만, 본 책에서는 오토리즈 작업에서 넣어주겠습니다.

집에서도 이상적인 천연발효빵을 완성하기 위해 사전 반죽법을 레시피의 한 과정으로 넣었습니다. 건강하고 신선한 사전 반죽을 준비하는 것을 시작으로 천연발효빵의 완성도를 높일 수 있습니다.

기본 사전 반죽 비율은 다음과 같이 제시하고 있습니다.

클래식사워도우 사전반죽

재료	비율
물	10%
스타터	10%
밀가루	10%

스윗소프트사워도우 사전반죽

재료	비율
물	20%
스타터	20%
밀가루	20%
설탕	4%

1. 물을 먼저 계량한 다음 스타터를 넣는다.

물에 스타터를 띄워보는 것은 일반적으로 스타터 발효력 테스트하기에 좋은 방법이다. 물에 가볍게 뜨는 상태일수록 스타터 속의 다양한 미생물들이 활발히 활동하고 있다는 신호이다. 책에 제시된 비율과 다른 묽은 스타터일 경우에는 물에 넣으면 뿌옇게 금방 풀어지기도 한다.

2. 나머지 재료를 넣고 뭉쳐진 가루 없이 잘 섞어준다. 28~30℃ 정도의 비교적 따뜻한 실온에서 3시간 이상 발효시킨다.

3. 충분한 발효가 이뤄진 반죽은 2배 이상 부피가 증가한다.

4. 가장자리를 확인해보면 거미줄같이 늘어나는 상태를 확인할 수 있다.

배합표의 이해
BAKER'S PERCENTAGES

베이커스 퍼센티지baker's percentage란?

제과제빵에서 배합표를 이해하는 것은 가장 기본적이면서 중요합니다. 배합표에는 필요한 재료, 그리고 각 재료의 비율과 무게가 나타나 있습니다. 여기서 비율을 베이커스 퍼센티지라고 하는데 어떤 종류든 밀가루의 합을 항상 100%로 하고 그 외 들어가는 재료의 양을 **밀가루에 대한 비율로 나타낸 정보**입니다. 요리culinary에서는 사용되는 재료의 종류와 양을 나타낸 레시피를 보고 요리하지만, 제과제빵에서는 배합표를 지침 삼아 만듭니다.

예를 들어, 물이 65% 들어가는 배합표에서는 전체 반죽의 무게에서 물의 비율이 65%가 아니라, 밀가루 양에 대한 물의 비율이 65%라는 뜻입니다.[1]

단순해 보이는 재료와 비율의 리스트인 배합표의 원리를 이해하고 활용하면,
첫째, 원하는 반죽의 총 양을 조절할 수 있습니다.
둘째, 어떤 타입의 빵인지 파악할 수 있고, 비교하기 수월합니다. 예를 들어 배합비에서 수분이 80% 들어가는 반죽은 65% 들어가는 반죽보다 더욱 축축하고 늘어짐이 있을 것을 예상할 수 있습니다.
셋째, 기존의 비율을 수정하거나 응용할 수 있습니다.

---

1 이 때문에 배합표를 영어로는 베이커의 백분율baker's percentage 또는 베이커의 공식baker's folmula 이라고 한다.

이 책의 배합표에서 수분율(하이드레이션[1] 또는 수율)은 대부분 60~80% 정도이며, 스타터 사전 반죽의 수율까지 모두 포함됩니다. 사용하는 밀가루에 따라, 개인의 취향에 따라 수율뿐만 아니라 그 밖의 재료의 비율을 조정하는 경우가 생길 수 있습니다. 이때 배합의 원리를 이해하고 접근한다면 수정한 반죽의 비율에서 발생하는 착오를 감소시킬 수 있습니다.

▶ 예시) 클래식 사워도우 반죽

원하는 반죽의 총 양: 1,500g

재료	무게	비율
사전 반죽		
스타터	83g	10%
밀가루	83g	10%
물	83g	10%
본 반죽		
밀가루	**750g**	**90%**
물	483g	58%
소금	18g	2.2%
합계	1,500g	180.2%

계산 상 편의를 위해 밀가루 749.2g을 750g으로 올림

→

재료	무게	비율
사전 반죽		
스타터	83g	10%
밀가루	83g	10%
물	83g	10%
본 반죽		
밀가루	**583g**	**70%**
통밀가루	**167g**	**20%**
물	483g	58%
소금	18g	2.2%
합계	1,500g	180.2%

왼쪽은 클래식 사워도우 배합비입니다. 이 기본 배합비에서 통밀가루 20%를 추가해 배합표를 변경하고자 하는 경우, 다음과 같은 공식을 사용해 계산해줄 수 있습니다.

밀가루 무게의 합 x 재료의 비율 = 재료의 무게

1. (750g+83g) x 0.2 = 166.6g으로 통밀가루는 반올림하여 167g이 됩니다.
2. 수정되는 밀가루의 비율은 100%에서 통밀가루 20%를 빼면 80%가 되는데 사전 반죽 10%를 제외한 본 반죽의 밀가루 비율이 70%가 됩니다.
3. 따라서 본 반죽의 밀가루 무게는 750g-167g을 해줘도 되고, 위의 공식을 활용하여
(750g+83g) x 0.7 = 583.1g으로 583g이 됩니다.

재료를 추가하는 것 외에도 기존의 비율을 감소시키고자 할 때 배합표를 바탕으로 수정할 수 있다면, 반죽 양이 엄청나게 늘어나거나 부족한 상황 없이 원하는 비율로 계획한 반죽 양을 만들 수 있어서 효율적입니다.

---

1 물 뿐만 아니라 물 대신 사용하는 우유, 두유 등을 모두 포함한다.

Part 2. 사워도우

클래식사워도우

스타터, 밀가루, 물, 소금만으로 만드는 클래식사워도우이다. 가장 기본적인 사워도우를 만드는 과정을 천천히 따라가면서 이해해볼 수 있기를 희망한다. 그러면 다른 사워도우로의 작업이 수월해진다.

작업 과정뿐만 아니라 나아가 반죽의 온도와 발효시키는 환경, 특히 실내 온도와 습도에 조금 더 관심을 기울인다면 집에서도 완성도 높은 사워도우를 구워낼 수 있다.

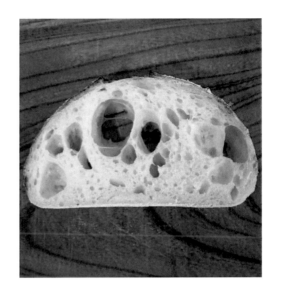

배합표

재료	무게	베이커스%
사전 반죽		
스타터	28g	10%
준강력분	28g	10%
물	28g	10%
오토리즈		
준강력분	255g	90%
물	150g	53%
반죽 완성		
소금	6g	2.2%
물	14g	5%
합계	510g	180.2%

250g x 2개 분량

*이 책의 모든 배합표에서 반죽의 총 양은 반죽하면서 손실되는 양을 예상해 계획된 반죽 양에서 10~20g 추가되었습니다.

작업스케줄

1. 스타터 사전 반죽

2. 오토리즈

3. 반죽 완성

4. 저온에서 1차 발효

5. 분할 및 벤치 타임

6. 성형

7. 2차 발효

8. 베이킹

9. 식히기

1. 스타터 사전 반죽

사전 반죽에 사용하는 스타터는 충분히 활력있는 컨디션으로 스타터가 물에 가볍게 뜨는 상태인 것이 좋다. 사워도우(Part 1) 레시피에서 사전 반죽은 스타터, 물, 밀가루를 1:1:1 비율로 섞어 28~30℃ 정도의 비교적 따뜻한 실온에서 3~6시간 정도 발효시킨다.

*기온이 낮은 경우, 발효 시간을 더 길게 예상한다.

2. 오토리즈

최종 반죽의 기준 온도를 17~20℃ 이내로, 여름에는 비교적 차가운 물로, 겨울에는 미지근한 온도의 물을 사용해 반죽 온도에 도달할 수 있게 해준다.

반죽의 수화를 돕기 위해 오토리즈 작업을 해준다. 오토리즈란 반죽을 완성하기 전에 밀가루와 물을 넣고 가볍게 섞은 다음, 30분에서 길게는 3시간 이상까지 휴지시키면서 반죽의 수화를 돕는 작업이다. 이 책에서는 밀가루와 물뿐만 아니라 준비한 사전 반죽과 함께 레시피에 따라 꿀, 설탕 등을 넣어 오토리즈를 진행하도록 한다. 그렇게 되면 본 반죽에서 겉도는 느낌을 줄이고 손반죽이라도 수월하게 완성할 수 있다.

오토리즈 후에는 소금과 소량의 물을 함께 넣어 반죽을 완성한다. 이때 들어가는 물 또한 총수분 비율에 포함되어 있으며 오토리즈를 끝낸 반죽의 소금 흡수를 돕기 위해 남겨둔 비율이다. 처음에는 반죽과 소금물이 겉돌지만, 점차 반죽 안으로 흡수되면서 하나의 덩어리로 뭉쳐진다. 이 상태의 반죽을 손으로 만져보면 표면으로는 보이지 않는 결들이 느껴진다. 사진 ③-3처럼 볼에서 1~2분 정도 치대며 반죽하면, 점차 ③-4처럼 매끈해지면서 글루텐이 생기고 발달하는 것을 느낄 수 있다. 두 손으로 반죽을 늘려 펴보면 얇게는 찢어지나, 거칠고 두꺼운 막이 생긴다면 1차 발효를 진행해도 되는 시점이다. (클린업 단계, 글루텐 70~80% 생성)

반죽의 완성 온도를 17~20℃ 기준으로 한다. 반죽의 표면을 매끄럽게 정리해 가볍게 오일을 바른 용기 또는 볼에 담는다. 사용하기 적당한 용기는 반죽에 비해 너비가 너무 넓지 않은 용기로 1차 발효 동안 반죽이 어느 정도 부풀 것을 예상해 넉넉한 사이즈로 사용하는 것이 좋다.

4. 저온에서 1차 발효

사워도우의 1차 발효는 기본적으로 실온에서 시작하며 접기 3회를 진행한 다음 저온 발효를 해준다. 반죽의 완성 온도가 기준(17~20℃)보다 낮으면 비교적 따뜻한 곳에서, 온도가 높게 완성되었으면 비교적 서늘한 곳에서 1차 발효를 진행해준다. 반죽이 마르지 않도록 뚜껑 또는 랩을 씌운 뒤, 1차 발효에 들어간다.

반죽해주는 과정에서 밀가루 속 글리아딘과 글루테닌은 물과 물리적인 반죽 작업으로 인해 빵의 골격이 되는 글루텐으로 생성되고 발달하였다. 하루 동안 쉴 새 없이 일하면 지치는 것처럼 믹싱작업(반죽작업)을 마친 반죽도 그 종류와 온도에 따라 2~5시간 정도의 휴식(실온 발효)이 필요하다.

▶ 발효 환경 조절하기

반죽 온도가 17~20℃보다 낮게 완성되었거나 한 겨울과 같이 실내 온도가 비교적 낮은 경우에는 용기에 뜨거운 물을 넣어 뚜껑 또는 랩으로 닫아 오븐에 함께 넣어 준다. 또는 오븐에 따라 발효 기능을 활용하는 것도 좋다.

반죽 온도가 17~20℃보다 현저히 높거나 한여름과 같이 실내 온도가 비교적 높은 경우, 얼음물이 담긴 용기 또는 아이스팩을 오븐에 함께 넣어 준다. 또는 반죽을 완성하는 과정에서 반죽 온도가 월등히 높아진 경우에는 10~20분 정도 냉장고에서 온도를 낮춰준 다음 실온 보관해준다.

④-1  ④-2  ④-3  ④-4

30분 간격으로 접기 3회를 해주는데 여분의 물을 그릇에 담아 손에 물을 묻혀가며 작업해주는 것이 수월하다. 1차 실온 발효하는 동안 반죽을 늘려 접어주는 이유는 반죽의 글루텐을 더욱 강화하고, 발효하는 동안 전체적인 반죽의 온도가 일정하게 유지될 수 있도록 도와준다.

*접기 과정을 해줌에 따라 실온 발효 마지막에 갈수록 매끈하고 윤기 도는 반죽을 확인할 수 있다.

반죽 완성 후

저온 발효 전

저온 발효 후

저온발효에 들어가기 적절한 타이밍은 반죽을 완성한 시점의 타이트한 반죽에서 접기 과정을 통해 실온에서 약 2~3시간 휴지한 느슨해진 반죽이다. 냉장고에서 8시간 이상 저온 발효시킨다. 저온발효에서는 반죽이 부푸는 것뿐만 아니라 발효 과정에서 생성되는 알코올, 젖산, 아세트산 등 빵의 향과 풍미에 기여하는 다양한 발효산물이 생성된다.

*일반 냉장실보다 비교적 온도가 높은 채소실이 있는 경우에는 채소실을 이용해준다.

5. 분할 및 벤치 타임

⑤-1

⑤-2

⑤-3

⑤-4

저온발효를 끝낸 반죽을 실온에 꺼내 분할한다. 반죽 표면에 덧가루를 살짝 뿌리고 플라스틱 스크래퍼로 반죽과 용기 사이를 돌려가며 틈새를 준 다음 용기를 뒤집어 테이블 위에 떨어뜨린다. 분할할 때는 자르는 느낌으로 반죽 커터 또는 스크랩퍼로 과감하게 해준다. 반죽을 찢듯이 다루지 않아야 한다.

⑤-5

⑤-6

⑤-7

⑤-8

약 250g x 2개로 분할한다. 1차 발효에서 반죽의 윗부분, 즉 반죽의 매끄러운 부분은 빵의 표면이 된다. 분할하면서 생기는 작은 자투리는 큰 덩어리 안쪽으로 넣어 반죽의 매끄러운 부분이 바깥에 위치하도록 가볍게 둥글린다.

분할 및 둥글리기 작업은 발효하면서 생기는 이산화탄소로 인한 큰 기공 정도만을 빼내고 가볍게 둥글리기를 하면서 반죽의 발효가 균일하게 이뤄지고, 성형하기 수월해지도록 해주는 작업이다. 비닐 또는 젖은 천으로 덮어 약 40~60분간 실온에서 휴지시킨다(벤치 타임).

6. 성형(바게트 성형)

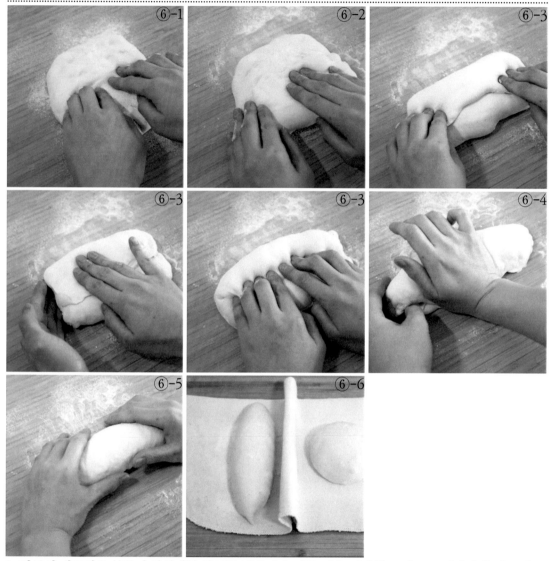

1. 반죽의 매끄러운 부분이 작업대와 닿도록 뒤집어 놓아준 다음 사각형 모양으로 평평하게 펴 준다.

2. 반죽의 1/3 정도 아래에서 위로 접는다.

3. 반죽의 윗부분을 몸 안쪽 방향으로 말아가며 3~4번 정도 접어준다.

4. 마지막 이음매 부분은 손바닥 안쪽을 이용해 꾹꾹 잘 닫아준다. 확실하게 닫아주지 않으면 2차 발효 동안 팽창하는 발효의 힘을 못 버티고 열릴 우려가 있다.

5. 이음매 부분을 바닥에 두고 두 손으로 위아래로 굴려 가며 두께가 일정하도록 모양을 잡아준다.

6. 완성된 반죽은 덧가루를 충분히 뿌린 쿠슈(이음매가 아래) 또는 발효 바구니(이음매가 위) 위에 올린다.

6. 성형(원형 성형)

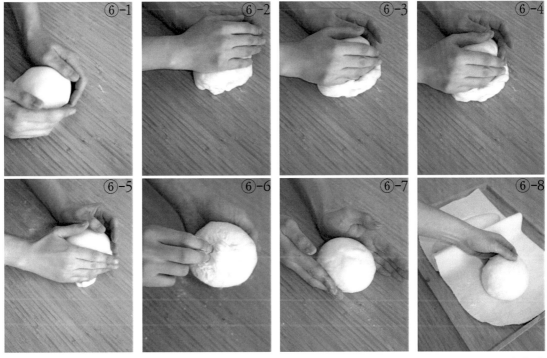

벤치 타임 한 그대로의 반죽을 이번에는 조금 더 타이트하게 둥글리며 이음매를 닫아준다. 완성된 반죽은 덧가루를 충분히 뿌린 쿠슈(이음매가 아래) 또는 발효 바구니(이음매가 위) 위에 올린다.

7. 2차 발효

기본적으로 성형한 반죽이 마르지 않도록 랩이나 비닐을 덮어 28~30℃ 정도의 비교적 따뜻한 실온에서 90분간 2차 발효시킨다.

*온도와 습도를 조절할 수 있는 발효실이 있는 베이커리와는 달리 가정에서는 실내 온도에 의지할 수밖에 없다. 그렇기 때문에 특히 2차 발효 속도는 여름에는 비교적 빠르고, 겨울에는 다소 시간이 걸린다. 실내 기온이 21℃보다 현저히 낮다면 뜨거운 물을 넣은 용기를 뚜껑이나 랩으로 덮은 다음 오븐(또는 전자레인지, 큰 용기 등)에 함께 넣어 2차 발효를 진행한다. 이때 뜨거운 물로 인해 습도가 과하게 높아져 반죽 표면이 축축해지지 않도록 뚜껑이나 랩을 이용해 습도를 조절해준다.

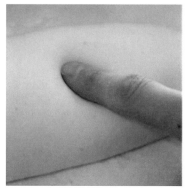
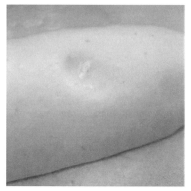

사워도우의 2차 발효 시간은 90분을 기준으로 발효 상태를 확인한다. 베이킹해도 좋은 상태를 체크할 때는 덧가루를 묻힌 손가락 끝으로 반죽 표면을 살짝 눌러보았을 때 자국이 남으면서 서서히 되돌아오는지 확인한다. 일반적으로 자국이 빨리 되돌아오면 발효 시간이 더 필요하고, 반대로 누른 자국이 되돌아오지 않는다면 과발효 상태로 예열된 오븐에 재빨리 넣어 구워준다.

8-1. 베이킹(오븐 예열하기)

오븐 온도를 230℃로 예열해준다.

*오븐 팬 위에 피자 스톤을 올려 베이킹할 경우 함께 예열한다. (옵션)

*충분히 예열된 오븐에서 빵 반죽을 구워야 한다. 예열 시간은 사용하는 가정용 오븐, 그리고 온도에 따라 10~20분가량 소요된다.

8-2. 베이킹(쿠프 넣기)

쿠프 넣기에 사용할 수 있는 다양한 도구

유산지 또는 베이킹 시트 위에 올리기

프랑스어로 쿠프coupe는 오븐에 들어가기 직전 반죽의 표면에 칼집을 넣는 것이다. 이것으로 오븐의 높은 열로 인한 반죽 내 가스 팽창과 수분 증발로 부피가 팽창하는 오븐 스프링이 충분히 이루어지게 된다. 쿠프를 넣지 않은 사워도우(적절한 발효가 이루어진 경우)는 팽창하는 힘으로 인해 반죽의 표면 어딘가가 터지게 되고 오븐 스프링이 충분히 일어나지 않아 무겁고 이상적인 볼륨의 빵으로 구워지지 않게 된다.

  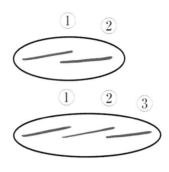

반죽의 길이가 길면 쿠프 수를
늘려 균형있게 칼집을 넣는다.

열십자 쿠프 넣기

  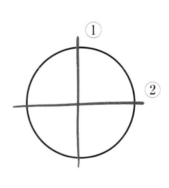

8-3. 베이킹(오븐에 넣어 굽기)

230℃ 예열된 오븐에서 25~30분간 굽는다. 오븐에 따라 온도와 굽는 시간 조절이 필요하므로 중간중간 구워지는 색을 확인하는 것이 중요하다. 필요하다면 중간에 빵을 돌려 고른 색이 나도록 구워준다.

전문가용 오븐이 아닌 일반 가정용 오븐으로는 오븐 안의 열과 압력으로 쿠프를 넣은 곳에서 생기는 멋진 브레드 이어스Bread ears를 얻기 어렵다. 일반 가정용 오븐으로 베이커리와 비슷한 사워도우를 구워내기 위한 몇 가지 방법이 있지만, 가장 손쉬운 방법을 소개하면 "피자 스톤"을 이용하는 것이다. 오븐 트레이 위에 피자 스톤을 함께 올려 충분히 예열한 다음, 2차 발효를 끝낸 반죽을 그 위에 올려 굽는다. 이때 얼음 한두 조각을 넣어주면 오븐 안에 스팀 효과를 줄 수 있는데 빵 껍질이 생기는 것을 조금이나마 늦춰줌으로써 충분한 오븐 스프링이 일어나는 데 조금이나마 도움이 된다.

▶ 오븐 스프링Oven spring이란? 빵 반죽이 오븐에서 구워지는 초기 몇 분 동안 오븐 온도로 인해 반죽 내 수분 증발과 급격히 빨라지는 효모의 발효 활동으로 부피가 빠르게 팽창하는 것을 말한다.

▶ 브래드 이어스Bread ears란? 오븐에서 오븐 스프링으로 인해 빵 반죽이 팽창하는데 쿠프 넣은 곳이 열리면서 생기는 빵의 껍질 부분이다.

빵이 충분히 잘 구워져 오븐에서 꺼내도 되는 타이밍은 기본적으로 구운 색깔로 확인할 수 있다. 기호에 따라 완성 시점의 빵 껍질 색의 차이는 있을 수 있다. 다른 방법으로는 구워진 사워도우의 바닥 면을 손으로 톡톡 두드려보면 껍질은 얇고 단단하지만, 속이 비어있는 가벼운 느낌이 든다. 바닥의 껍질이 단단하지 않다면 조금 더 구워줘야 한다.

오븐에서 꺼내 식힘 망 위에 올려 식혀준다.

▶ 물 온도, 반죽이 완성되는 온도가 중요한 이유

초기 반죽을 완성하는 시점에서 반죽의 온도는 발효에 영향을 주고, 결과적으로 빵의 볼륨과 풍미에도 영향을 끼칩니다. 빵 반죽을 완성하는 전반적인 과정에서 글루텐은 생성되고 발달하였습니다. 1차 발효 동안 천천히 그리고 완전히 반죽의 수화[1]가 일어나게 되고, 효모와 미생물의 활동으로 생기는 이산화탄소는 복잡한 글루텐 사슬 속에 가둬지게 됩니다. 반죽의 온도가 너무 높거나 온도가 너무 낮아 발효 시간이 길어질 경우, 빵의 골격이 되는 글루텐의 구조가 저하될 수 있습니다. 천연발효빵은 상업용 이스트를 사용한 반죽보다 발효가 천천히 일어납니다. 필수는 아니지만, 하룻밤 정도 저온에서 천천히 발효시켜야 빵의 볼륨과 모양, 풍미가 제대로 발현됩니다.

반죽 온도는 들어가는 재료의 온도와 실내 온도, 그리고 반죽하면서 생기는 마찰열에 의해 결정됩니다. 일반적으로 빵 반죽에서 우리가 쉽게 조절할 수 있는 것은 재료의 온도, 그중에서 물(수분 형태의 모든 것) 온도입니다. 따라서 반죽할 때 수분의 비중이 가장 큰 최종 반죽(배합표 상 반죽 완성에 들어가는 물)에 들어가는 물 온도를 조절하며 마무리한 반죽이 완성 온도에 근접하게 완성할 수 있도록 하는 것이 중요합니다.

• 완성 온도 17~20℃ 기준

---

1 수분이 반죽 내 깊숙이 그리고 골고루 흡수되는 현상

고수분사워도우

얇은 껍질에 고소한 맛이 매력 있는 치아바타 느낌의 사워도우이다. 수분 함량이 높은 반죽으로 1차 발효에서 반죽 내 수분이 골고루 수화될 시간을 주고, 접기를 해줌으로써 글루텐을 충분히 만들어주는 과정이 중요하다. 분할할 때 반죽의 탄력이 느껴진다면 볼륨 있는 결과물을 얻을 수 있다.

분할 및 성형하는 과정에서 취향에 따라 다양한 충전물을 더해 다채로운 사워도우를 만들 수 있다.

배합표		
재료	무게	베이커스%
사전 반죽		
스타터	42g	10%
준강력분	42g	10%
물	42g	10%
오토리즈		
준강력분	378g	90%
몰트파우더	3g	0.6%
물	273g	65%
반죽 완성		
소금	9g	2.2%
물	21g	5%
합계	810g	192.8%
		4개 분량

*충전물(옵션)
호두, 치즈 등 원하는 재료를 반죽 무게의 15~30% 사용한다. 예를 들어 반죽 400g의 경우 충전물은 60~120g이 된다.
(레시피의 치즈는 30%)

작업스케줄

1. 스타터 사전 반죽

2. 오토리즈

3. 반죽 완성

4. 저온에서 1차 발효

5. 분할 및 벤치 타임

6. 성형

7. 2차 발효

8. 베이킹

9. 식히기

1. 스타터 사전 반죽(p.26 참고)

사전 반죽 재료를 모두 넣고 섞은 다음 실온에서 3~6시간 발효시킨다.

2. 오토리즈

흩날리는 가루 없이 가볍게 섞은 뒤, 젖은 천 또는 랩으로 마르지 않게 덮어준다. 30분에서 1시간 실온에서 휴지시킨다.

3. 반죽 완성

소금과 나머지 물을 넣고 손으로 쥐어짜듯 반죽한다. 느껴지는 결 없이 한 덩어리로 뭉쳐지고 거칠고 두꺼운 막이 펼쳐지면 1차 발효로 넘어간다.

4. 저온에서 1차 발효

매끄럽게 정리한 반죽을 가볍게 오일을 바른 보관 용기에 넣는다. 30분 간격으로 접기 3회를 하며 2시간 이상 실온에서 1차 발효한 다음, 냉장고에서 8시간 이상 저온 발효시킨다.

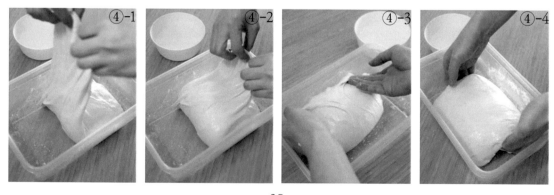

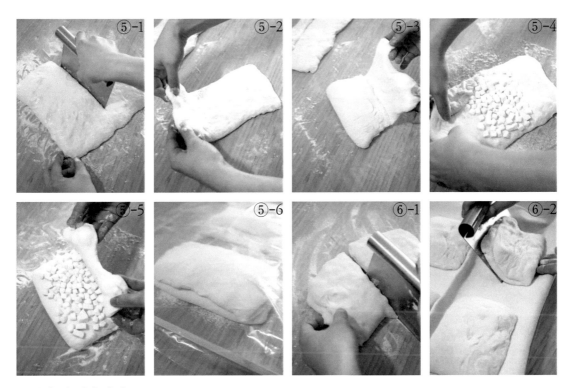

5. 분할 및 벤치 타임

덧가루를 충분히 뿌린 테이블에 반죽을 정사각형 모양으로 잡는다. 반죽을 이등분한 다음 하나는 그대로 삼단으로 포개어 접고, 다른 하나는 충전물을 넣어 삼단으로 접은 다음 30분간 휴지한다.

*충전물을 넣는 경우에는 ⑤-4와 같이 충전물의 반은 반죽 가운데에 골고루 올려 한 쪽을 포개어 접고, 나머지 반은 그 위에 올려 ⑤-5처럼 반죽으로 덮어 마무리한다.

6. 성형

각각의 반죽을 이등분한 다음, 덧가루를 충분히 뿌린 쿠슈 위에 올린다.

7. 2차 발효

28~30℃ 정도의 비교적 따뜻한 실온에서 60~90분간 2차 발효시킨다.

8. 베이킹

피자 스톤과 함께 250℃ 예열된 오븐에서 15~20분간 굽는다.

*구울 때 반죽을 유산지 또는 베이킹 시트 위에 상하 뒤집어 올린다.

통밀20% 고수분사워도우

앞서 만든 고수분사워도우에서 통밀 20%가 들어가는 사워도우이다. 반죽 마지막 과정에서 블랙 올리브, 선 드라이 토마토, 타임을 함께 넣어 완성한다. 1차 발효를 진행하면서 충전물의 색과 향이 반죽에 스며들기 때문에 그 자체로 멋스럽다.

프렌치 플랫 브래드의 한 종류인 푸가스 Fougasse 형태로 완성한다. 납작하면서도 볼륨이 있는 푸가스는 그대로 먹어도 좋고 올리브유에 소금을 살짝 더해 찍어 먹어도 아주 맛있다.

배합표		
재료	무게	베이커스%
사전 반죽		
스타터	34g	10%
준강력분	34g	10%
물	34g	10%
오토리즈		
준강력분	236g	70%
통밀가루	68g	20%
몰트파우더	2g	0.6%
물	219g	65%
반죽 완성		
소금	7g	2.2%
올리브유	17g	5%
충전물		
블랙올리브	41g	12%
선드라이토마토	17g	5%
생 타임	2g	0.5%
합계	710g	210.3%
350g x 2개 분량		

작업스케줄

1. 스타터 사전 반죽

2. 오토리즈

3. 반죽 완성

4. 저온에서 1차 발효

5. 분할 및 벤치 타임

6. 성형

7. 2차 발효

8. 베이킹

9. 식히기

1. 스타터 사전 반죽(p.26 참고)

사전 반죽 재료를 모두 넣고 섞은 다음 실온에서 3~6시간 발효시킨다.

2. 오토리즈

흩날리는 가루 없이 가볍게 섞은 뒤, 젖은 천 또는 랩으로 마르지 않게 덮어준다. 30분에서 1시간 실온에서 휴지시킨다.

▶ 충전물 준비

올리브와 선 드라이 토마토는 얇게 슬라이스하고 생 타임은 줄기를 제외한 이파리만을 사용한다.

3. 반죽 완성

소금과 올리브유를 넣고 손으로 쥐어짜듯 반죽한다. 느껴지는 결 없이 한 덩어리로 뭉쳐지고 거칠고 두꺼운 막이 펼쳐지면 준비한 충전물을 반죽에 넣어 골고루 섞이도록 가볍게 치대면서 마무리한다.

4. 저온에서 1차 발효

둥글려 매끄럽게 정리한 반죽을 가볍게 오일을 바른 보관 용기에 넣는다. 30분 간격으로 접기 3회를 하며 2시간 이상 실온에서 1차 발효한 다음, 냉장고에서 8시간 이상 저온 발효시킨다.

5. 분할 및 벤치 타임

덧가루를 뿌린 작업대에 반죽을 올리고 350g x 2개로 나눈다. 분할한 반죽을 가볍게 둥글리기 한 다음 60~90분간 휴지한다.

6. 성형

작업대 위에 덧가루를 뿌리고 밀대로 반죽이 너무 얇아지지 않도록 주의하며 원하는 크기로 밀어준다. 유산지 또는 베이킹 시트 위에 반죽을 올려 피자 커터 또는 스크래퍼로 칼집을 넣듯 사진과 같이 작업한다. ⑥-1의 사다리 모양, ⑥-4의 나뭇잎 모양으로 칼집 낸 공간을 살며시 손으로 늘리며 모양을 잡아준다.

7. 2차 발효

28~30℃ 정도의 비교적 따뜻한 실온에서 90분간 2차 발효시킨다.

8. 베이킹

피자 스톤과 함께 250℃ 예열된 오븐에서 15~20분간 굽는다.

9. 식히기

탕종사워도우

반죽에 탕종을 넣어 쫄깃한 식감을 더한 사워도우이다. 일반적인 바타트 모양의 사워도우로 만들어도 좋지만, 버터를 넣어 사워도우만의 소금빵으로 만들어 반죽의 특성을 살려주었다. 사용하는 버터는 유지방 함량이 높은 제품을 사용해야 구워진 빵의 풍미가 더욱 좋다. 탕종이란 반죽에 사용하는 밀가루 일부에 뜨거운 물을 더해 섞는 것으로 밀가루 속 전분을 물의 열로 호화 시켜 완전히 식힌 다음, 본 반죽에 넣어 사용한다. 탕종에 들어가는 물과 밀가루의 비율은 다양하고 소금, 설탕 등을 함께 넣어 만들기도 한다.

배합표		
재료	무게	베이커스%
탕종		
준강력분	68g	15%
끓는 물	90g	20%
사전 반죽		
스타터	45g	10%
준강력분	45g	10%
물	45g	10%
오토리즈		
준강력분	338g	75%
물	180g	40%
반죽 완성		
소금	9g	2%
합계	820g	182%

80g x 10개 분량

*부재료

가염버터 10g x 10개

작업스케줄

1. 스타터 사전 반죽

2. 탕종 만들기

3. 오토리즈

4. 반죽 완성

5. 저온에서 1차 발효

6. 분할 및 벤치 타임

7. 성형 및 팬닝

8. 2차 발효

9. 베이킹

10. 식히기

1. 스타터 사전 반죽(p.26 참고)

사전 반죽 재료를 모두 넣고 섞은 다음 실온에서 3~6시간 발효시킨다.

2. 탕종 만들기

용기에 분량의 밀가루와 끓인 물을 넣고 덧가루 없이 잘 섞어준다. 랩으로 타이트하게 덮은 뒤, 냉장고에서 식혀 사용한다.

3. 오토리즈(p.26 참고)

흩날리는 가루 없이 가볍게 섞은 뒤, 젖은 천 또는 랩으로 마르지 않게 덮어준다. 30분에서 1시간 실온에서 휴지시킨다.

4. 반죽 완성

소금과 탕종을 넣고 반죽을 가운데로 감싸듯 치댄다. 소금이 전체적으로 섞이면 작업대 위에 반죽을 올린다. 손바닥을 사용해 반죽을 비비듯 바깥으로 밀어내고 다시 안쪽으로 모으기를 반복하면서 반죽한다. 중간중간 플라스틱 스크래퍼로 반죽을 정리해준다. 느껴지는 결 없이 한 덩어리로 뭉쳐지고 거칠고 두꺼운 막이 펼쳐지면 1차 발효로 넘어간다.

5. 저온에서 1차 발효(p.28 참고)

둥글려 매끄럽게 정리한 반죽을 가볍게 오일을 바른 보관 용기에 넣는다. 30분 간격으로 접기 3회를 하며 2시간 이상 실온에서 1차 발효시킨 다음, 냉장고에서 8시간 이상 저온 발효시킨다.

6. 분할 및 벤치 타임

80g x 10개 직사각형으로 분할한다. 가볍게 반으로 접어 60분간 휴지시킨다.

▶ 성형 전 오븐 팬 위에 유산지 또는 베이킹 시트 깔아서 준비

7. 성형 및 팬닝

손으로 반죽을 가볍게 늘려 직사각형으로 만들어준다. 차가운 상태의 가염버터 10g을 가운데 윗부분에 올린다. 반죽으로 버터를 완전히 감싸 접고, 두 번째 접을 때 이음매를 꼼꼼히 닫아준다. 손바닥으로 반죽을 위아래로 굴리며 모양을 다듬어 준다. 이음매가 팬 아래에 오도록 팬닝한다.

*반죽을 무리하게 늘려 얇아질 경우, 식감이 질겨질 수 있으므로 주의한다.

*오븐에서 구워지면서 되도록 녹은 버터가 새어나가지 않도록 반죽의 이음매 부분을 잘 닫아줘야 한다.

8. 2차 발효

28~30℃ 정도의 비교적 따뜻한 실온에서 90분간 2차 발효시킨다. 오븐 트레이를 살살 흔들었을 때 반죽이 가볍게 흔들리면 베이킹 해도 좋은 상태이다.

9. 베이킹

일자(-)로 쿠프를 넣어준 다음 분무기를 사용해 전체적으로 물을 가볍게 뿌린다. 그 위에 소금을 한 꼬집씩 올린다. 피자 스톤과 함께 230℃ 예열된 오븐에서 15~20분간 굽는다.

그레이엄30% 탕종사워도우

그레이엄 밀가루Graham Flour를 탕종으로 만든 사워도우이다. 밀 껍질부터 배아까지 통째로 제분한 것으로 일반 통밀보다 거칠지만, 탕종으로 만들어 거친 느낌을 감소시켰다. 앞의 플레인 탕종사워도우보다 탕종의 비율이 높으므로 쫄깃한 식감이 더 큰 빵이다.

탕종은 밀가루뿐만 아니라 통밀가루, 호밀가루, 쌀가루 등 다양한 곡물가루를 사용할 수 있다. 쌀가루로 만든 탕종의 경우에는 빵 껍질이 바삭한 느낌을 줄 수 있다. 탕종의 비율이 높아질수록 쫄깃쫄깃함은 증가하지만, 자칫 떡 같은 식감을 줄 수 있으므로 주의한다.

배합

재료	무게	베이커스%
탕종		
그레이엄	80g	30%
끓는 물	80g	30%
사전 반죽		
스타터	27g	10%
준강력분	27g	10%
물	27g	10%
오토리즈		
준강력분	160g	60%
물	93g	35%
반죽 완성		
소금	6g	2.4%
합계	500g	187.4%

120g x 4개 분량

*그레이엄 대신 일반 통밀로 대체 가능
*포테이토베이컨볼 충전물 재료
삶은 감자, 베이컨, 피자치즈, 소금, 후추
*허니크림치즈볼 충전물 재료
크림치즈, 유자 또는 레몬, 꿀

작업스케줄

1. 스타터 사전 반죽
2. 탕종 만들기
3. 오토리즈
4. 반죽 완성
5. 저온에서 1차 발효
6. 분할 및 벤치 타임
7. 충전물 준비
8. 성형 및 팬닝
9. 2차 발효
10. 베이킹
11. 식히기

1. 스타터 사전 반죽(p.26 참고)

2. 탕종 만들기

용기에 분량의 그레이엄통밀(또는 일반 통밀)과 끓인 물을 넣고 덧가루 없이 잘 섞어준다. 랩으로 타이트하게 덮은 뒤, 냉장고에서 식혀 사용한다.

3~5 p.46 탕종사워도우 작업 참고

6. 분할 및 벤치 타임

120g x 4개로 분할한 다음 가볍게 둥글려 60분간 휴지시킨다.

7-1. 포테이토베이컨볼 4개 분량: 감자 120g(큰 것 1개), 베이컨 36g(2줄), 피자치즈 36g, 소금 후추 약간

푹 찐 감자는 가볍게 으깨고 베이컨은 2cm 정도로 자른다. 피자치즈와 소금, 후추를 볼에 함께 넣어 섞는다. 사용하기 전까지 식혀 둔다.

7-2. 허니크림치즈볼 4개 분량: 크림치즈 180g, 유자 또는 레몬 제스트 약간, 유자 또는 레몬즙 1t

상온의 부드러운 크림치즈에 유자 또는 레몬 제스트, 약간의 즙을 넣고 가볍게 섞어준다.

▶ 성형 전 오븐 팬 위에 유산지 또는 베이킹 시트 깔아서 준비

8. 성형 및 팬닝

양손으로 반죽을 평평하게 펼친다. 준비한 충전물을 45g씩 반죽에 넣어 감싼다. 이음매를 닫고 원형 또는 타원형으로 모양을 만들어 이음매 부분이 아래에 오도록 팬닝한다.

9. 2차 발효

28~30℃ 정도의 비교적 따뜻한 실온에서 60~90분간 2차 발효시킨다.

10. 베이킹(쿠프 넣기)

2차 발효를 끝낸 반죽의 윗면에 덧가루를 살짝 뿌린다. 가위를 이용해 포테이토베이컨볼의 가운데에 열십자(+) 쿠프를 넣고 피자치즈를 조금 올려준다. 허니크림치즈볼은 일자(-)로 쿠프를 넣는다. 피자 스톤과 함께 230℃ 예열된 오븐에서 20분간 굽는다.

11. 식히기

오븐에서 꺼낸 크림치즈볼은 한 김 날린 뒤 크림치즈 사이로 꿀을 적당량 넣어 식힌다. 포테이토베이 컨볼에는 드라이 허브 가루(옵션)를 솔솔 뿌려 마무리한다.

사워도우 포카치아

포카치아는 치아바타와 함께 이탈리아의 대표적인 빵으로 겉은 바삭, 속은 촉촉 부드러운 식감의 빵이다. 피자처럼 위에 올리는 토핑에 따라 식사 빵에서 디저트까지 다양하게 변신할 수 있고, 제철 재료를 올리면 시즌 메뉴로도 활용도가 높다. 체리 대신 포도, 블루베리 등 다양한 과일로 얼마든지 대체할 수 있다. 단면을 잘라 그 속에 여러 재료를 넣어 샌드위치로도 즐길 수 있다.

충분히 예열된 오븐에서 구워야 반죽 표면에 묻어 있는 올리브유로 인해 마치 튀겨지듯 겉은 바삭하고 얇은 식감의 포카치아로 구워질 수 있다.

배합표		
재료	무게	베이커스%
사전 반죽		
스타터	44g	10%
준강력분	44g	10%
물	44g	10%
오토리즈		
강력분	222g	50%
준강력분	178g	40%
물	293g	66%
반죽 완성		
소금	11g	2.5%
올리브유	13g	3%
올리브유	팬닝용	
합계	850g	191.5%
	420g x 2개 분량	

*사각 팬 : 19cm x 19cm x H5cm

*토핑으로 올리는 부재료는 레시피 참고

*스트로이젤 레시피 참고

작업스케줄

1. 스타터 사전 반죽

2. 오토리즈

3. 반죽 완성

4. 저온에서 1차 발효

5. 분할 및 벤치 타임

6. 성형 및 팬닝

7. 토핑 준비 및 올리기

8. 2차 발효

9. 베이킹

10. 식히기

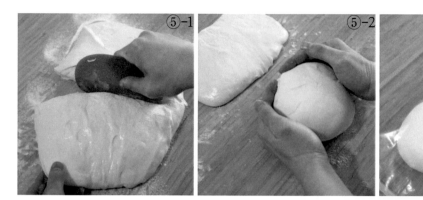

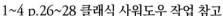

1~4 p.26~28 클래식 사워도우 작업 참고

5. 분할 및 벤치 타임

420g x 2개로 분할한 다음 가볍게 둥글려 30분간 휴지시킨다.

6. 성형 및 팬닝

오븐에 구울 팬 또는 용기 위에 올리브유를 충분히 두르고 반죽의 매끄러운 면이 팬의 윗부분에 위치하도록 올린다. 팬 모양에 맞게 두 손으로 반죽을 평평히 펼쳐 60분간 휴지시킨다.

*달라붙는 재질이라면 유산지를 깔고 올리브유를 충분히 두른 다음 반죽을 올린다.

*반죽을 무리하게 늘려 찢어지지 않도록 주의한다.

*반죽 느낌이 타이트하다면 휴지한 다음 다시 두 손으로 팬 모양에 맞게 펼친다.

▶ 토핑 준비 및 올리기

7-1. 방울토마토 허브 포카치아(사각 팬 1개 분량)

작은 볼에 방울토마토 약 200g, 생로즈메리 잎 2g, 레몬 제스트 1/2개, 올리브유 1/2T, 소금 한 꼬집 섞어 포카치아 반죽 위에 골고루 올린다. 방울토마토는 반죽 안으로 살짝 눌러준다.

*베이킹 후 파르미지아노 레지아노 등의 치즈를 곁들인다. (옵션)

7-3. 체리 크럼블 포카치아(사각 팬 1개 분량)

작은 볼에 반을 갈라 씨를 뺀 체리 약 100g, 설탕 1/2T, 올리브유 1t을 넣어 섞은 다음 포카치아 반죽 위에 골고루 올린다. 체리는 반죽 안으로 살짝 눌러준다.

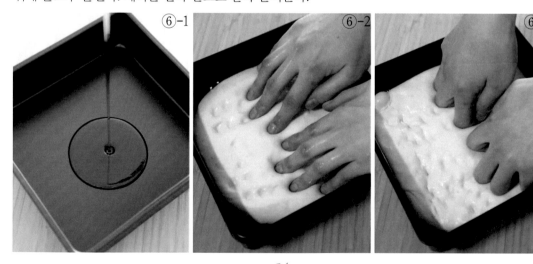

▶ 스트로이젤 만들기(사각 팬 1개 분량)

상온 무염버터 80g, 비정제 설탕 60g, 박력분 60g, 아몬드 파우더 80g, 소금 약간, 시나몬파우더 2g(옵션)

볼에 버터와 설탕을 넣고 부드럽게 섞어준다. 나머지 재료(양이 많은 경우 채에 쳐 사용)를 넣고 스패출러를 이용해 가르듯 섞는다. 어느 정도 덩어리지기 시작하면 손으로 비벼가며 버터와 설탕 혼합물에 가루들이 묻어 크고 작은 덩어리로 뭉치게 한다. 오븐에 들어가기 직전, 반죽 위에 올리기 전까지 냉장 보관한다.

8. 2차 발효

재료를 반죽 안으로 눌렀을 때 올라오는 기공들이 생길 때까지 실온에서 약 2시간 2차 발효시킨다.

9. 베이킹

방울토마토와 체리를 각각 살짝씩 눌러주고 체리 포카치아 위에 스트로이젤을 올린다. 230℃ 예열된 오븐에서 10분 구운 다음 윗면의 재료가 타지 않도록 210℃로 낮춰 13~15분간 굽는다.

Part 3. 스윗앤소프트 사워도우

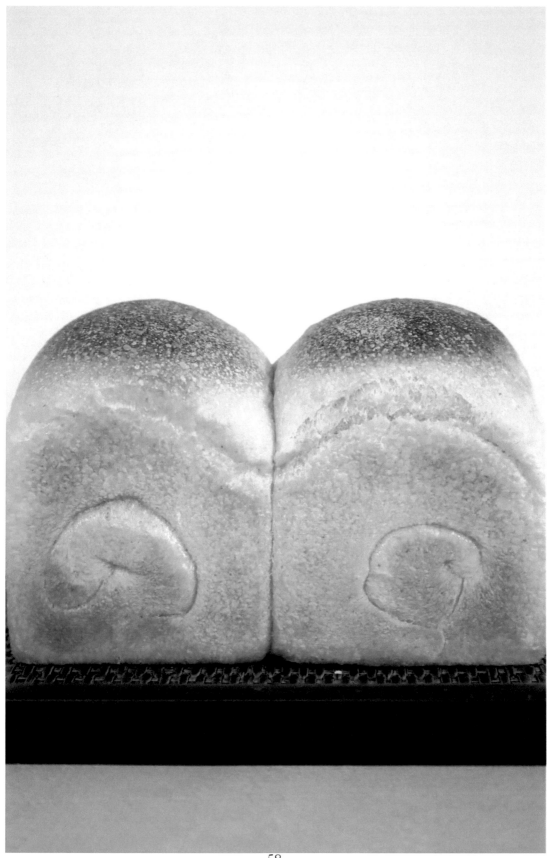

비건탕종식빵

일반적인 식빵 또는 단과자빵에 들어가는 우유나 버터 등 유제품을 넣지 않고 반죽에 탕종을 넣어 쫄깃함과 촉촉함을 더한 식빵이다. 유제품에 민감한 입맛뿐만 아니라 보통의 식빵과는 다른 담백함에 빵 특유의 고소함이 느껴져 먹을수록 매력적인 식빵이다.

배합표		
재료	무게	베이커스%
탕종		
강력분	32g	10%
끓는 물	47g	15%
사전 반죽		
스타터	63g	20%
강력분	63g	20%
물	63g	20%
설탕	13g	4%
오토리즈		
강력분	221g	70%
물	111g	35%
반죽 완성		
소금	6g	2%
합계	620g	196.0%

식빵 1개 분량

*식빵 팬 : 195(185) x 95(90) x H96mm
*비건탕종식빵을 제외한 스위앤소프트 사워도우에서 사용하는 우유, 생크림, 계란은 오토리즈 작업 1시간 전 너무 차갑지 않도록 상온에 두고 사용한다.

작업스케줄

1. 스타터 사전 반죽

2. 탕종 만들기

3. 오토리즈

4. 반죽 완성

5. 저온에서 1차 발효

6. 분할 및 벤치 타임

7. 성형 및 팬닝

8. 2차 발효

9. 베이킹

10. 식히기

1. 스타터 사전 반죽

스윗앤소프트 사워도우 레시피에서 사전 반죽은 스타터, 물, 밀가루뿐만 아니라 소량의 설탕을 함께 넣어준다. 먼저 설탕을 물에 녹인 다음, 스타터와 밀가루를 넣고 섞어 28~30℃ 정도의 비교적 따뜻한 실온에서 3~6시간 정도 발효시킨다.

*기온이 낮은 경우, 시간을 더 길게 예상한다.

*이 책에서는 스윗앤소프트 사워도우의 배합에 따라 사전 반죽에 설탕 또는 꿀을 2~4% 첨가해준다. 설탕과 꿀 속의 당은 사전 반죽의 발효를 촉진하게 된다.

2. 탕종 만들기

용기에 분량의 밀가루와 끓인 물을 넣고 덧가루 없이 잘 섞어준다. 랩으로 타이트하게 덮은 뒤, 냉장고에서 식혀 사용한다.

3. 오토리즈

흩날리는 가루 없이 가볍게 섞은 다음, 젖은 천 또는 랩으로 마르지 않게 덮어준다. 30분에서 1시간 실온에서 휴지시킨다.

4. 반죽 완성

소금과 탕종을 넣고 어느 정도 섞이면 작업대 위에 반죽을 올린다. 손바닥을 사용해 반죽을 비비듯 바깥으로 밀어내고 다시 안쪽으로 모으기를 반복하면서 치대준다. 중간중간 플라스틱 스크래퍼로 반죽을 정리해준다. 느껴지는 결 없이 한 덩어리로 뭉쳐지고 거칠고 두꺼운 막이 펼쳐지면 1차 발효로 넘어간다. (클린업 단계, 글루텐 70~80% 생성) 반죽의 완성 온도를 17~20℃ 기준으로 한다. 둥글려 매끄럽게 정리한 반죽을 가볍게 오일을 바른 보관 용기에 넣는다.

5. 저온에서 1차 발효

스윗앤소프트 사워도우의 1차 발효에서는 기본적으로 접이 과정을 하지 않는다. 저온발효에 들어가기 좋은 타이밍은 실온에서 약 2~3시간 휴지한 시점으로 냉장고에서 8시간 이상 저온 발효시킨다.

*일반 냉장실보다 비교적 온도가 높은 채소실이 있는 경우에는 채소실을 이용해준다.

6. 분할 및 벤치 타임

덧가루를 뿌린 작업대에 반죽을 올리고 약 300g x 2개로 분할한다. 분할하면서 생기는 작은 자투리는 큰 덩어리 안쪽으로 넣어 반죽의 매끄러운 부분이 바깥에 위치하도록 가볍게 둥글린다. 비닐 또는 젖은 천으로 덮어 약 40~60분간 실온에서 휴지시킨다(벤치 타임).

*1차 발효에서 반죽의 윗부분, 즉 반죽의 매끄러운 부분은 빵의 표면이 된다.

▶ 사용할 팬 준비하기

벤치 타임 동안 완성된 식빵이 팬에 들러붙지 않고 깨끗하게 떨어져 나올 수 있도록 팬을 준비해
준다.

방법 1. 식용유나 올리브유 또는 부드러운 버터로 모서리에 특히 신경 쓰며 팬 안쪽을 골고루 발
라준다.

방법 2. 유산지를 식빵 팬 사이즈에 맞춰 재단한 다음 팬 안쪽에 깔아준다. 틈새가 생기는 부분은
오일을 발라주는 것이 안전하다.

방법 3. 테프론 시트를 유산지처럼 재단해놓으면 여러 번 사용할 수 있다.

방법 1

방법 2

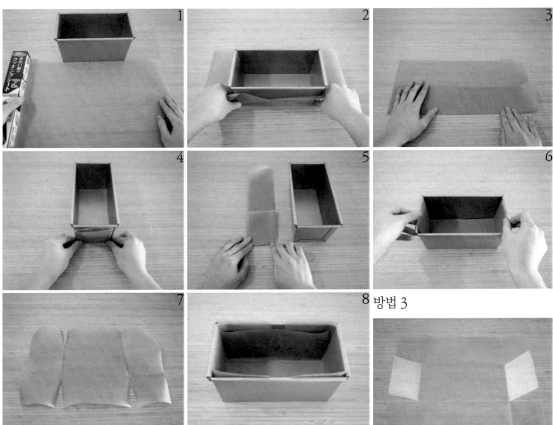

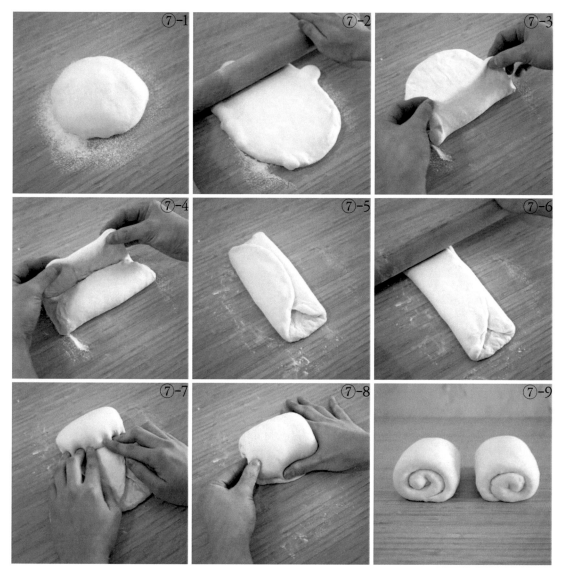

1. 작업하는 테이블 위에 덧가루를 살짝 뿌린 다음 반죽의 매끄러운 부분이 바닥으로 가도록 놓는다.

2. 손으로 가볍게 두드리며 큰 가스는 제거하고 밀대로 평평하게 밀어준다.

3. 눈으로 세 부분으로 나눠 1/3 정도는 아래에서 위로 접고, 위쪽의 1/3 부분은 그 위로 포개어 접는다.

4. 접은 반죽을 90℃로 길게 돌려놓고, 접은 부분이 열리지 않고 전체적으로 평평하도록 밀대로 가볍게 밀어준다. *폭이 너무 넓어지지 않도록 주의한다.

5. 위에서부터 몸 안쪽으로 두 손으로 가볍게 말아가며 감는다.

6. 마지막 이음매는 손바닥 안쪽을 사용하거나 손가락으로 꼬집어 잘 닫아준다.

7. 이음매를 바닥에 두고 두 손으로 위아래로 굴리며 성형한 두께가 일정하도록 조절해주면서 모양을 잡아준다.

8. 2차 발효

28~30℃ 정도의 비교적 따뜻한 실온에서 2~3시간 2차 발효시킨다.

*반죽의 윗부분이 팬 틀까지 올라오면 예열된 오븐에 넣어 굽는다.

9. 베이킹

피자 스톤과 함께 200℃ 예열된 오븐에서 35분간 굽는다.

*오븐에 따라 온도와 굽는 시간 조절이 필요하므로 중간중간 구워지는 색을 확인하는 것이 중요하다.

*필요하다면 중간에 빵을 돌려 고른 색이 나도록 구워준다.

10. 식히기

식빵 틀에서 꺼내 식힘 망 위에서 식혀준다.

▶ 식빵의 볼륨이 꺼지거나 찌그러지는 이유

일반적으로 식히는 과정에서 오븐에서 꺼낸 직후보다는 볼륨이 어느 정도 감소한다. 우선 팬에서 구워진 빵을 바로 꺼내지 않을 경우, 팬과 빵 사이에 습기가 생겨 빵의 모양이 찌그러지는 일이 생길 수 있다. 또한 오븐에서 굽는 시간이 부족했을 경우, 시간이 지나면서 식빵의 볼륨이 현저하게 꺼지는 일이 발생할 수 있다. 구워진 색으로는 충분히 잘 구워진 것처럼 보이나 볼륨이 심하게 꺼진다면, 오븐의 온도를 낮추고 굽는 시간을 늘려보는 것이 좋다.

생크림식빵

우유와 설탕, 버터가 들어가는 부드럽고 단맛이 있는 본격적인 스윗앤소프트 사워도우이다.

가볍고 부드러운 일본식 생식빵 느낌으로 식빵으로 만들어 그대로 손으로 뜯어 먹어도 폭신폭신 입에서 녹는 식감이 굉장히 좋다.

부드럽고 풍부한 식감에 어울리는 달콤하고 고소한 밤을 성형할 때 넣어 밤식빵으로 만들거나 팥고물, 치즈 등 다양한 재료와도 잘 어울리는 반죽이다.

배합표

재료	무게	베이커스%
사전 반죽		
스타터	50g	20%
강력분	50g	20%
물	50g	20%
설탕	10g	4%
오토리즈		
강력분	202g	80%
우유	50g	20%
생크림	91g	36%
꿀	25g	10%
설탕	10g	4%
반죽 완성		
소금	5g	1.8%
상온 무염버터	15g	6%
합계	560g	221.8%%

식빵 1개 분량

*식빵 팬 : 195(185) x 95(90) x H96mm

작업스케줄

1. 스타터 사전 반죽

2. 오토리즈

3. 반죽 완성

4. 저온에서 1차 발효

5. 분할 및 벤치 타임

6. 성형

7. 2차 발효

8. 베이킹

9. 식히기

1. 스타터 사전 반죽(p.60 참고)

2. 오토리즈

먼저 볼에 꿀, 설탕을 넣고 생크림과 우유에 녹인 다음, 스타터와 밀가루를 넣는다. 흩날리는 가루 없이 섞어 젖은 천 또는 랩으로 마르지 않게 덮어준다. 30분에서 1시간 실온에서 휴지시킨다.

*사용하는 우유, 생크림은 너무 차갑지 않도록 오토리즈 작업 1시간 전 상온에 두고 사용한다.

3. 반죽 완성

볼에 소금과 버터를 넣고 반죽으로 감싸듯 섞어준다. 어느 정도 섞이면 반죽을 작업대로 옮겨 비비듯 밀어내고 다시 모으기를 반복해준다. 스크래퍼로 중간중간 작업대 위의 반죽을 정리해준다. 매끈하게 한 덩어리로 뭉치고 거칠고 두꺼운 막이 펼쳐지면 반죽을 정리해 가볍게 오일을 바른 보관 용기에 넣는다.

4. 저온에서 1차 발효(p.62 참고)

2시간 동안 실온에서 1차 발효시킨 다음, 냉장고에서 8시간 이상 저온 발효시킨다.

5. 분할 및 둥글리기

약 185g x 3개로 분할한 다음 가볍게 둥글려 40~60분간 휴지시킨다.

▶ 식빵 팬 준비(p.63 참고)

6. 성형

p.64 산형 식빵처럼 세 덩어리 각각 성형한다. 이음매를 꼼꼼히 닫고 감긴 방향을 ⑥-6처럼 식빵 팬에 팬닝해준다.

*분할할 때 약간의 무게 차이가 있었을 경우 가장 무거운 반죽을 가운데 팬닝한다.

7. 2차 발효

28~30℃ 정도의 비교적 따뜻한 실온에서 2~3시간 2차 발효시킨다.

*반죽의 제일 윗부분이 식빵 틀까지 올라와야 한다.

8. 베이킹

식빵 틀의 뚜껑을 닫는다. 피자 스톤과 함께 180℃ 예열된 오븐에 팬을 넣어 35분간 굽는다.

플레인브리오슈

브리오슈Brioche는 버터와 계란이 풍부하게 들어가는 반죽으로 반죽과 버터가 겹겹이 결을 이루는 페이스트리와 일반 빵의 중간 형태이다. 빵 반죽에 따라 계란과 버터가 각각 50% 이상 들어가는 브리오슈 배합도 있다.
브리오슈는 단순하게 식빵이나 모닝번으로 만들어도 맛있지만, 충전물을 채워 다양한 크기와 모양으로 성형할 수 있어 활용도 높은 반죽이다. 레시피의 충전물 이외에 황설탕과 시나몬파우더를 넉넉히 채워 시나몬번으로도 만들 수 있다.

배합표

재료	무게	베이커스%
사전 반죽		
스타터	55g	20%
강력분	55g	20%
물	55g	20%
설탕	11	4%
오토리즈		
강력분	220g	80%
달걀	96g	35%
우유	28g	10%
설탕	33g	12%
반죽 완성		
소금	5g	1.8%
상온 무염버터	41g	15%
합계	600g	217.8%

브리오슈 번 9개 분량

*사각 팬 : 19cm x 19cm x H5cm
*충전물로 넣는 부재료는 레시피 참고
*달걀물 준비 : 달걀 1개에 우유1T

작업스케줄

1. 스타터 사전 반죽

2. 오토리즈

3. 반죽 완성

4. 저온에서 1차 발효

5. 충전물 만들기

6. 성형

7. 2차 발효

8. 베이킹

9. 식히기

1~2 p.60~61 비건탕종식빵 참고

*오토리즈 할 때 먼저 볼에 설탕을 넣고 달걀과 우유에 녹인 다음, 스타터와 밀가루를 넣어 섞는다.

3. 반죽 완성(p.61 참고)

*버터 함량이 높으므로 작업대 위에서 반죽할 때 스크래퍼로 반죽을 자르면서 부분적으로 치대어 버터를 반죽에 흡수시킨다. 어느 정도 버터가 반죽에 스며들면 비벼 밀어내고 모으기를 반복해준다.

4. 저온에서 1차 발효

2시간 동안 실온에서 1차 발효시킨 다음 냉장고에서 8시간 이상 저온 발효시킨다.

5. 충전물 준비(반죽 600g 분량으로 기호에 따라 재료 가감하기)

표고버섯 65g, 통마늘 45g, 올리브유 3t(9g), 소금 후추 약간, 파르미지아노 레지아노 20g, 쪽파 20g

버섯과 마늘은 3~5mm 정도 얇게 슬라이스한 다음 볼에 올리브유와 소금, 후추를 넣고 섞는다. 오븐 팬에 유산지를 깔고 그 위에 넓게 펼쳐 올린다. 170℃ 예열한 오븐에서 10분간 구워 식혀서 사용한다.

쪽파는 1cm 정도로 송송 썰고, 치즈는 곱게 갈아서 사용한다.

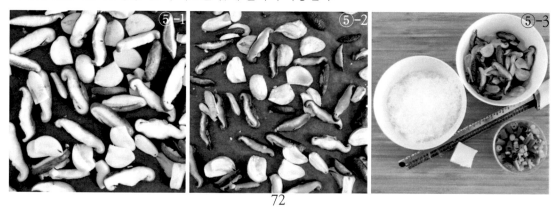

▶ 성형 전 팬에 오일 또는 버터를 바르거나 유산지 깔아서 준비

6. 성형 및 팬닝

사진과 같이 반죽을 직사각형(가로 약 27 x 세로 20cm)으로 밀어 달걀물을 반죽 전체에 바른다. 반죽 끝 1cm를 제외하고 준비한 토핑을 골고루 올린다. 왼쪽 또는 오른쪽 아랫부분에서부터 너무 타이트 하거나 느슨하지 않고 자연스럽게 위쪽으로 말아간다. 이음매가 벌어지지 않도록 잘 닫아준다. 9등분 (두께 약 3cm)으로 잘라 사각 팬 또는 머핀 팬 위에 올린다.

*사용하는 팬에 따라 자르는 개수를 달리해주며 두께가 일정해야 균일한 높이로 발효되고 구워진다.

7. 2차 발효

28~30℃ 정도의 비교적 따뜻한 실온에서 2시간 2차 발효시킨다.

8. 베이킹

반죽 윗부분에 달걀물을 가볍게 발라준 다음 소금을 흩뿌려준다. 피자 스톤과 함께 200℃ 예열된 오 븐에서 25~30분간 굽는다.

통밀50% 스윗사워도우

50% 통밀이 들어간 스윗사워도우 반죽으로 설탕 대신 꿀을 사용해 자칫 퍽퍽한 식감을 줄 수 있는 통밀빵에 촉촉함과 부드러움을 더했다. 레시피의 디너롤 외에 구운 호두와 건포도를 반죽에 섞어 식빵으로 구우면 고소함과 달콤함이 더해져 더욱 맛있다.

디너롤 성형은 사각 팬뿐만 아니라 식빵 팬, 시폰 팬, 무스 틀 등 다양한 틀에 팬닝이 가능하니 집에 있는 틀을 활용해 볼 수 있다.

배합표			
재료	1	2	%
사전 반죽			
스타터	36g	45g	20%
통밀가루	36g	45g	20%
물	36g	45g	20%
꿀	7g	9g	4%
오토리즈			
강력분	91g	111g	50%
통밀가루	55g	67g	30%
달걀	45g	56g	25%
우유	36g	45g	20%
꿀	25g	31g	14%
반죽 완성			
소금	3g	4g	1.8%
상온 무염버터	27g	33g	15%
합계	400g	490g	219.8%

*1. 식빵 팬 : 195(185) x 95(90) x H96mm

2. 시폰 팬 2호 : 18cm x H8cm

*달걀물 준비 : 달걀 1개에 우유1T

작업스케줄

1. 스타터 사전 반죽

2. 오토리즈

3. 반죽 완성

4. 저온에서 1차 발효

5. 분할 및 벤치 타임

6. 성형

7. 2차 발효

8. 베이킹

9. 식히기

1~4. p.72 플레인 브리오슈 작업 참고

*반죽에 견과류 또는 건과일 등의 충전물을 넣을 경우에는 느껴지는 결 없이 한 덩어리로 뭉쳐지고 거칠고 두꺼운 막이 펼쳐지면, 충전물을 반죽에 넣어 골고루 섞이도록 가볍게 치대면서 마무리한다.

*견과류는 구운 것을 사용

*건과일은 미지근한 물에 뭉친 부분을 풀어주면서 물기를 가볍게 묻혀 사용

5. 분할 및 벤치 타임

80g x 6개(시폰 팬 성형) 또는 65g x 6개(식빵 팬 성형)로 분할한 다음 가볍게 둥글려 40~60분간 휴지시킨다.

▶ 성형 전 반죽이 닿는 팬 안쪽 모든 부분에 오일 또는 버터를 바르거나 유산지 깔아서 준비

▶ **성형 및 팬닝**

6-1. 시폰 팬

조금 더 타이트하게 둥글린 다음 이음매를 닫아준다. 사진 ⑥-3처럼 팬에 균형 있게 팬닝한다.

6-4. 식빵 팬

조금 더 타이트하게 둥글다. 손바닥으로 가볍게 밀어 타월형으로 만든 다음 이음매를 닫아준다. 사진 ⑥-6처럼 팬에 균형 있게 팬닝한다.

7. 2차 발효

28~30℃ 정도의 비교적 따뜻한 실온에서 120분간 2차 발효시킨다.

8. 베이킹

반죽 윗부분에 달걀물을 가볍게 발라준다. 피자 스톤과 함께 200℃ 예열된 오븐에서 25~30분간 굽는다.

다크초코 스윗사워도우

코코아파우더로 은은한 초콜릿 향과 궁합이 좋은 피칸을 20% 넣어 고소한 맛을 더한 초코 스윗사워도우 반죽이다.

빵 반죽과 초코 크럼블 자체는 크게 달지 않은 배합으로 성형할 때 카카오분 68% 이상의 다크초콜릿을 넣으면 초콜릿 특유의 쌉쓸한 풍미가 강해진다. 달달한 초코빵을 선호할 경우 50% 이하의 밀크초콜릿을 넣는 것을 추천한다.

배합표

재료	1	2	베이커스%
사전 반죽			
스타터	24g	36g	20%
강력분	24g	36g	20%
코코아파우더	7g	11g	6%
물	31g	46g	26%
설탕	5g	7g	4%
오토리즈			
강력분	94g	142g	80%
달걀	29g	44g	25%
우유	24g	36g	20%
설탕	13g	20g	11%
반죽 완성			
소금	2g	3g	1.8%
상온 무염버터	9g	14g	8%
충전물			
구운 피칸	24g	36g	20%
*다크초콜릿	40g	60g	
합계	285g	430g	241.8%

*1. 무스 틀 미니 : 12cm x H6cm

 2. 무스 틀 1호 : 15cm x H6cm

*초코 스트로이젤 레시피 참고

*달걀물 준비 : 달걀 1개에 우유1T

작업스케줄

1. 스타터 사전 반죽

2. 오토리즈

3. 반죽 완성

4. 저온에서 1차 발효

5. 분할 및 벤치 타임

6. 초코 스트로이젤 준비

7. 성형

8. 2차 발효

9. 베이킹

10. 식히기

1~4 p.72 플레인 브리오슈 작업 참고

*코코아파우더를 포함한 사전 반죽 재료를 모두 넣고 섞은 다음, 실온에서 3~6시간 발효시킨다.

*생피칸은 180℃ 예열한 오븐에 7분 정도 구워 식힌다. 작은 사이즈로 다져서 사용한다.

*거칠고 두꺼운 막이 펼쳐지면 준비한 피칸을 반죽에 넣어 골고루 섞이도록 가볍게 치댄다.

5. 분할 및 벤치 타임

55g x 5개(무스 틀 미니) 또는 70g x 6개(무스 틀 1호)로 분할한 다음 가볍게 둥글려 40분간 휴지시킨다.

6. 초코 스트로이젤 만들기(무스 틀 1호 1개 분량, 미니는 2개 분량으로 1/2로 줄이기)

상온 무염버터 30g, 흑설탕 30g, 박력분 48g, 코코아파우더 6g, 옥수수전분 6g, 소금 1g

볼에 버터와 설탕을 넣고 부드럽게 섞어준다. 나머지 가루 재료(양이 많은 경우 채에 쳐 사용)를 넣고 스패출러를 이용해 가르듯 섞는다. 어느 정도 덩어리지기 시작하면 손으로 비벼가며 크고 작은 덩어리로 뭉치게 한다. 오븐에 들어가기 직전 반죽 위에 올리기 전까지 냉장 보관한다.

▶ 초콜릿은 사이즈가 큰 경우 잘게 다져서 준비

▶ 무스 틀 준비

상온의 무염버터를 틀 안쪽에 골고루 발라준다. 틀을 기울여 설탕 한 스푼 올리고 천천히 회전시키면서 설탕이 버터 위로 골고루 묻게 한다. 오븐 팬 위에 유산지 또는 베이킹 시트를 깔고 틀을 올린다.

7. 성형 및 팬닝

밀대로 반죽을 동그랗게 핀 다음 다크초콜릿 8g(무스 틀 미니) 또는 10g(1호)을 올려 동그랗게 감싼다. 이음매를 닫고 동그랗게 모양을 잡아준다. 틀 안에 균형 있게 올리고 가운데는 빈 상태로 둔다.

8. 2차 발효

28~30℃ 정도의 비교적 따뜻한 실온에서 120분간 2차 발효시킨다.

9. 베이킹

반죽 윗부분에 달걀물을 가볍게 바르고 초코 스트로이젤을 골고루 올린다. 피자 스톤과 함께 180℃ 예열된 오븐에서 20~25분간 구운 다음, 한 김 날리고 무스 틀에서 빵을 빼내어 식힌다.

모카 스윗사워도우

모카 스윗사워도우 반죽에 달달하고 향긋한 커피 비스킷으로 감싼 추억의 모카빵이다. 은은한 커피 향만으로 밋밋할 수 있는 반죽에 건포도가 들어가 전체적인 맛의 밸런스를 높여준다.

건포도 대신 건크랜베리, 건살구 등 단맛과 함께 약간의 신맛이 있는 건과일로 대체할 수 있다.

배합표		
재료	무게	베이커스%
사전 반죽		
스타터	67g	20%
강력분	67g	20%
물	67g	20%
설탕	13g	4%
오토리즈		
강력분	269g	80%
달걀	54g	16%
우유	98g	29%
인스턴트 블랙커피	6g	1.8%
설탕	37g	11%
반죽 완성		
소금	6g	1.8%
상온 무염버터	40g	12%
충전물		
건포도	84g	25%
합계	810g	240.6%

200g x 4개 분량

*커피 비스킷은 레시피 참고

작업스케줄

1. 스타터 사전 반죽

2. 오토리즈

3. 반죽 완성

4. 저온에서 1차 발효

5. 분할 및 벤치 타임

6. 커피 비스킷 만들기

7. 성형 및 팬닝

8. 2차 발효

9. 베이킹

10. 식히기

1~4 p.72 플레인 브리오슈 작업 참고

*우유에 설탕, 인스턴트커피, 달걀을 먼저 넣고 녹인 다음, 사전 반죽과 밀가루를 넣어 오토리즈 작업을 한다.

*건포도는 미지근한 물에 뭉친 부분을 풀어주면서 물기를 가볍게 묻혀 사용한다.

*거칠고 두꺼운 막이 펼쳐지면 건포도를 반죽에 넣어 골고루 섞이도록 가볍게 치대면서 마무리한다.

5. 분할 및 벤치 타임

200g x 4개로 분할한 다음 가볍게 둥글려 40~60분간 휴지시킨다.

6. 커피 비스킷 만들기(4개 분량, 모든 재료는 너무 차갑지 않은 상온 상태에서 사용)

무염버터 32g, 비정제 설탕 60g, 소금 한 꼬집, 달걀(흰자 노른자 풀어 사용) 36g, 우유 10g, 인스턴트 블랙커피 2t (1.5g), 뜨거운 물 10g, 박력분 160g, 베이킹파우더 2.5g

인스턴트커피는 뜨거운 물에 개어 살짝 식혀서 우유와 섞어둔다. 볼에 휘퍼로 버터를 부드럽게 풀어준 다음 설탕과 소금을 넣고 섞는다. 달걀을 3~4회 넣어가며 분리되지 않도록 섞는다. 나머지 가루 재료를 채에 쳐서 넣고 한쪽으로 우유 혼합물도 넣은 다음 스패츌러를 이용해 잘 섞어준다. 위생 팩에 담아 넓게 펼쳐 사용 전까지 냉장 휴지해준다.

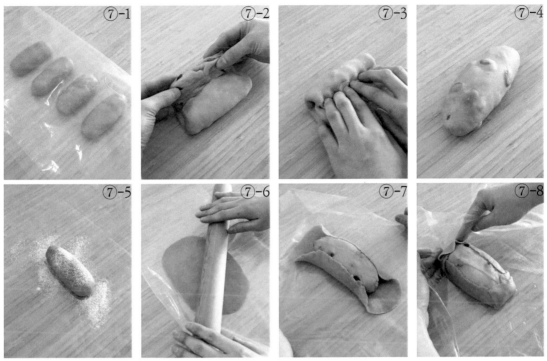

⑦-1 ⑦-2 ⑦-3 ⑦-4 ⑦-5 ⑦-6 ⑦-7 ⑦-8

▶ 성형 전 오븐 팬 위에 유산지 또는 베이킹 시트 깔아서 준비

7. 성형 및 팬닝

반죽을 성형하기 전에 커피 비스킷은 냉장고에서 꺼내어 80g씩 나눠 한 쪽에 타원형으로 만들어 놓는다. 밀대로 빵 반죽을 가볍게 밀어 평평하게 펴준다(너무 늘리지 않기). p.30 바게트 성형과 같이 성형한 다음 이음매를 잘 닫고 양손으로 위아래로 굴리면서 가운데가 오목한 원통형 모양을 만들어준다. 비닐 두 장 사이에 덧가루를 뿌리고 비스킷 반죽을 올린다. 밀대로 성형한 반죽이 밑면까지 둘리도록 평평하게 사이즈를 넓혀준다. 넓힌 비스킷 반죽의 비닐 한 장을 떼고 그 위에 빵 반죽의 이음매가 위로 오도록 정중앙에 뒤집어 올린다. 비스킷 반죽으로 빵 반죽을 감싼 다음 이음매가 아래에 오도록 준비한 팬 위에 올린다.

8. 2차 발효

28~30℃ 정도의 비교적 따뜻한 실온에서 120분간 2차 발효시킨다.

9. 베이킹

180℃ 예열된 오븐에서 20~25분간 굽는다.

⑦-9 ⑦-10 ⑨ ⑩

쑥맘모스

쑥 가루를 첨가해 모카빵과 함께 한국 빵의 스테디셀러인 맘모스빵의 스윗사워도우 버전이다. 스타터만 있으면 하드 사워도우 뿐만 아니라 부드러운 반죽의 스윗사워도우로 남녀노소 즐길 수 있는 다양한 빵을 만들 수 있다. 맘모스빵의 스트로이젤에는 시나몬파우더를 넣지 않아 향긋한 쑥 향만을 집중할 수 있도록 해준다. 구워진 빵 사이에 심플하게 딸기잼만 발라도 맛있지만, 연유버터크림을 넣어 맛의 밸런스를 높였다. 딸기잼과 연유버터크림은 취향에 따라 양을 조절한다.

배합표

재료	무게	베이커스%
사전 반죽		
스타터	37g	20%
강력분	37g	20%
물	37g	20%
설탕	7g	4%
오토리즈		
강력분	147g	80%
쑥 가루	6g	3.5%
달걀	46g	25%
우유	46g	25%
설탕	22g	12%
반죽 완성		
소금	3g	1.8%
상온 무염버터	22g	12%
합계	410g	223.3%

맘모스빵 2개 분량

*단팥은 분할한 반죽 무게의 65%

*딸기잼, 연유버터크림 레시피 참고

*달걀물 준비 : 달걀 1개에 우유1T

작업스케줄

1. 스타터 사전 반죽

2. 오토리즈

3. 반죽 완성

4. 저온에서 1차 발효

5. 분할 및 벤치 타임

6. 버터크림, 스트로이젤 준비

7. 성형

8. 2차 발효

9. 베이킹

10. 완성하기

1~4 p.72 플레인 브리오슈 작업 참고

*우유에 설탕, 달걀, 쑥 가루를 먼저 넣고 섞은 다음, 사전 반죽과 밀가루를 넣어 오토리즈 한다.

5. 분할 및 벤치 타임

100g x 4개로 분할한 다음 가볍게 둥글려 40~60분간 휴지시킨다.

6. 연유버터크림 만들기(맘모스빵 2개 기준)

상온의 부드러운 무염버터 93g, 생크림 9g, 연유 28g

볼에 부드러워진 버터를 넣고 뭉친 부분이 풀리고 마요네즈처럼 가벼운 상태가 될 때까지 어느 정도 속도감 있게 저으면서 섞어준다(핸드믹서 사용 가능). 생크림과 연유를 2~3번 나눠 넣어주면서 섞어준다. 짤주머니 또는 위생 팩에 넣어 사용 전까지 냉장 보관한다.

▶ 스트로이젤 만들기(p.55 참고)

상온 무염버터 54g, 비정제 설탕 54g, 소금 약간, 박력분 91g

만들어 사용 전까지 냉장 보관한다.

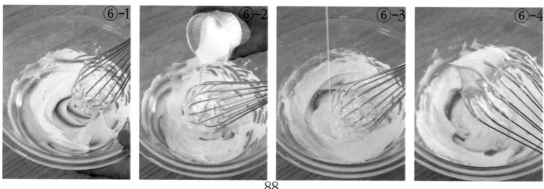

▶ 성형 전 오븐 팬 위에 유산지 또는 베이킹 시트 깔아서 준비

7. 성형 및 팬닝

밀대로 반죽을 가볍게 핀 다음 단팥을 65g씩 올려 동그랗게 감싼다. 이음매를 닫고 밀대로 가볍게 밀어 타원형 모양을 만들어준다(길이 약 15cm x 너비 9cm x 두께 1.5cm). 포크로 표면에 구멍을 내 오븐에 구워지면서 가운데가 볼록하게 부푸는 것을 방지한다. 반죽 윗면에 달걀물을 가볍게 바르고 크럼블을 골고루 묻혀 준비한 팬 위에 올린다.

8. 2차 발효

28~30℃ 정도의 비교적 따뜻한 실온에서 120분간 2차 발효시킨다.

9. 베이킹

오븐에 넣기 전 다시 3~4번 정도 포크를 넣고 170℃ 예열된 오븐에서 20~25분간 굽는다.

10. 완성하기(레시피 기준 딸기잼 30g, 연유버터크림 60g으로 기호에 따라 양 조절하기)

빵이 완전히 식으면 한쪽 면에는 딸기잼을 골고루 펴 바르고, 다른 면에는 버터크림을 올려 포갠다.

바브카

플레인 브리오슈 반죽으로 만든 사워도우 바
브카Babka이다. 유대인 공동체에서 발전한 빵
인 바브카는 다양한 형태로 만들어지지만, 일
반적으로 반죽에 충전물을 채워 말아서 땋은
다음 구워진다.

레시피처럼 반죽에 버터를 넣어 접는 작업은
바브카를 만드는 필수 작업은 아니지만, 반죽
에 층층이 결을 줄 뿐만 아니라 버터가 반죽에
흡수되면서 풍미가 한 층 더해지므로 도전해
보는 것을 추천한다.

배합표

재료	무게	베이커스%
사전 반죽		
스타터	47g	20%
강력분	47g	20%
물	47g	20%
설탕	9g	4%
오토리즈		
강력분	187g	80%
달걀	82g	35%
우유	23g	10%
설탕	28g	12%
반죽 완성		
소금	4g	1.8%
상온 무염버터	35g	15%
합계	510g	217.8%

500g x 반죽 1개 분량

*롤인버터는 반죽 무게의 18%(42g 준비)

*식빵 팬 : 195(185) x 95(90) x H96mm

 시폰 팬 2호 : 18cm x H8cm

*충전물 레시피 참고

*달걀물 준비 : 달걀 1개에 우유1T

*심플 시럽 레시피 참고

작업스케줄

1. 스타터 사전 반죽

2. 오토리즈

3. 반죽 완성

4. 저온에서 1차 발효

5. 롤인버터 준비

6. 충전물 준비

7. 반죽에 버터 넣어 접이 작업

8. 성형 및 팬닝

9. 2차 발효

10. 베이킹

11. 식히기

1~4 p.72 플레인 브리오슈 작업 참고

5. 롤인버터 준비하기

위생 팩 또는 유산지를 15cm x 12cm로 접어 준비한다. 안에 분량의 버터를 넣고 밀대로 밀어 버터가 골고루 평평하게 펴지도록 한다. 사용 전까지 냉장 보관한다.

6-1. 아몬드 크림 충전물 만들기(반죽 500g 1개 분량)

상온의 부드러운 무염버터 70g, 비정제 설탕 70g, 아몬드 파우더 98g, 시나몬파우더 1.4g, 소금 2g, 레몬 제스트 1/2개, 레몬즙 1/4개, 아몬드 또는 아몬드 슬라이스 56g

볼에 버터와 설탕을 넣고 부드럽게 섞어준다. 나머지 모든 재료를 넣고 잘 섞은 다음, 사용 전까지 냉장 보관한다.

*아몬드는 크림을 바른 다음 올린다. 생아몬드 또는 생아몬드 슬라이스는 180℃ 예열된 오븐에 5~10분 정도 구워 식힌다. 그대로 또는 가볍게 다져서 사용한다.

6-4. 누텔라 충전물 만들기(반죽 500g 1개 분량)

누텔라 크림 120g, 헤이즐넛 80g

*헤이즐넛은 누텔라 크림을 바른 다음 올린다. 생헤이즐넛은 180℃ 예열된 오븐에 7분 정도 구워 식힌다. 그대로 또는 가볍게 다져서 사용한다.

7. 반죽에 버터 넣어 접이 작업

작업대 위에 덧가루를 뿌리고 반죽을 올려 손으로 평평하게 펼친다. 밀대로 길이 약 33cm x 너비 14cm로 밀어준다. 가운데에 준비한 버터를 올리고 반죽 양쪽을 접어 이음매를 잘 닫아준다. 반죽을 그대로 90℃로 돌려 길이 약 55cm x 너비 15~20cm 정도로 밀어준다. 이불을 접듯이 사진 ⑦-6처럼

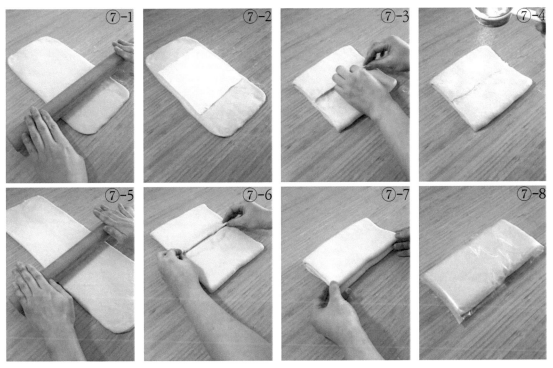

양쪽을 가운데로 모아 접고 다시 한번 반으로 접는다. 반죽이 마르지 않도록 비닐로 감싼 다음, 냉장고에서 30분간 휴지시킨다.

*작업대와 밀대에 반죽이 들러붙지 않도록 덧가루를 뿌려가며 작업한다.

*밀대로 반죽을 밀 때 너무 타이트할 경우에는 30분 정도 냉장고에서 휴지시킨 뒤, 다시 작업해준다.

▶ 성형 전 반죽이 닿는 팬 안쪽 모든 부분에 오일 또는 버터를 바르거나 유산지 깔아서 준비

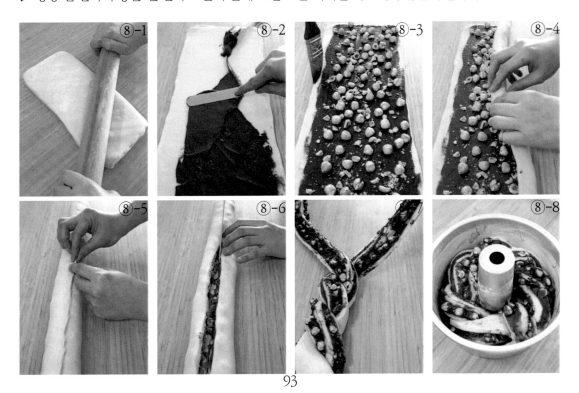

▶ 성형 및 팬닝

8-1. 시폰 팬 팬닝

반죽을 가로 약 50cm x 세로 17cm 정도로 밀어준다. 누텔라 또는 아몬드 크림을 반죽 끝 1cm를 제외하고 펴 바른 다음 구운 견과류를 골고루 올린다. 남긴 반죽 끝부분에 달걀물을 가볍게 바른다. 왼쪽 또는 오른쪽 아랫부분에서부터 너무 타이트하거나 느슨하지 않고 자연스럽게 위쪽으로 말아간다. 이음매는 벌어지지 않도록 잘 닫아준다. 이음매가 아래에 위치하도록 놓고, 칼로 반죽 가운데를 가로질러 반으로 자른다. 두 개로 나눠진 반죽을 위아래 사선으로 엇갈려 놓으며 땋아준다. 땋은 반죽을 시폰 팬 원형대로 놓아 팬닝한다.

8-9. 식빵 팬 팬닝

반죽을 가로 약 30cm x 세로 23cm 정도로 밀어준다. 시폰 팬 성형과 동일하게 작업한 다음, 땋은 반죽을 식빵 팬 모양대로 팬닝한다.

*반죽의 두께가 5mm 이하로 너무 얇아지지 않도록 주의한다.

9. 2차 발효

28~30℃ 정도의 비교적 따뜻한 실온에서 120분간 2차 발효시킨다.

10. 베이킹

반죽의 단면이 아닌 반죽 표면에만 달걀물을 가볍게 발라준다. 피자 스톤과 함께 180℃ 예열된 오븐에서 35~40분간 굽는다.

*빵 반죽과 버터가 겹겹이 있는 단면(자른 부분)에 달걀물을 발라줄 경우, 구워지면서 결이 따로 살지 않고 붙어 버리기 때문에 가능한 위에서 보이는 반죽 표면에만 발라준다.

*20분 뒤 구워지는 색이 너무 진해지면 중간에 오븐 온도를 10℃ 정도 낮춰준다.

11. 식히기

틀에서 구워진 빵을 꺼내 심플 시럽을 전체적으로 발라준다(옵션).

▶ 심플 시럽 만들기

전자레인지 용기에 물과 설탕을 1:1 비율로 섞어 약 30초간 데워준다. 설탕이 물에 완전히 녹아 시럽처럼 점도가 생겨야 한다. 시럽을 바르는 이유는 빵 겉면의 코팅 효과를 주기 때문에 외관상 윤기를 줄 뿐만 아니라 빵의 저장성을 높여준다.

Part 4. 스타터 활용하기

멀티그레인 브레드

스타터 먹이 주기를 할 때 사용하지 않게 되는 부분을 건강하고 영양가 높은 빵으로 활용할 수 있는 레시피이다. 1.2% 인스턴트 이스트가 포함된 이 반죽은 발효력이 다소 떨어진 스타터를 사용하더라도 저온발효 없이 당일에 구워낸다.

통밀가루 반죽에 오트밀과 각종 견과류, 말린 과일, 씨앗 등을 풍부하게 넣어 구워낸 통곡물 식빵이다. 달달한 건과일이 들어가 짭조름한 재료를 넣은 샌드위치로도 제격이다. 레시피의 충전물 외에 선호하는 어떤 재료든 다양하게 바꿔가며 만들어보길 추천한다.

배합표		
재료	무게	베이커스%
스타터	141g	94%
고운통밀가루	150g	100%
물	78g	52%
탈지분유	7g	5%
꿀	18g	12%
인스턴트이스트	2g	1.2%
소금	4g	2.5%
무염버터	12g	8%
충전물		
*오트밀	30g	20%
*아마씨	19g	13%
*끓는 물	60g	40%
건크랜베리	45g	30%
해바라기씨	22g	15%
호박씨	22g	15%
버터 또는 오일	팬닝용	
합계	610g	407.7%
	식빵 1개 분량	

*통밀가루에 따라 수분량 조절하기

*식빵 팬 : 195(185) x 95(90) x H96mm

작업스케줄

1. 오트밀 죽 준비

2. 오토리즈

3. 반죽 완성

4. 1차 발효

(분할 및 벤치 타임)

5. 성형 및 팬닝

6. 2차발효

7. 베이킹

8. 식히기

1. 오트밀 죽 준비

분량의 오트밀과 아마씨는 그릇에 담아 끓인 물을 넣고 골고루 섞어준다. 랩으로 타이트하게 덮은 뒤, 냉장고에서 식혀 사용한다.

2. 오토리즈

이스트와 버터, 소금을 제외한 모든 재료를 넣는다. 먼저 볼에 탈지분유와 꿀을 넣고 물에 녹여준 다음, 스타터와 통밀가루를 넣는다. 흩날리는 가루 없이 섞은 뒤, 젖은 천 또는 랩으로 마르지 않게 덮어준다. 30분에서 1시간 실온에서 휴지시킨다.

3. 반죽 완성

이스트와 오트밀 죽을 넣고 반죽을 가운데로 감싸듯 치댄다. 전체적으로 섞이면 반죽을 작업대로 옮겨 넓게 펼친 다음 그 위에 버터와 소금을 올린다. 반죽 속으로 넣듯이 뭉친 다음 잘 스며들도록 비비듯 밀어내고 다시 모으기를 반복해준다. 스크래퍼로 중간중간 작업대 위의 반죽을 정리해준다. 매끈하게 한 덩어리로 뭉치고 거칠고 두꺼운 막이 펼쳐지면 나머지 충전물을 반죽에 넣어 골고루 섞이도록 가볍게 치대준다.

*크랜베리는 미지근한 물에 뭉친 부분을 풀어가며 물기를 가볍게 묻혀준다.

*해바라기씨와 호박씨는 180℃ 오븐에서 5분간 구워 식혀서 사용한다.

4. 1차 발효(p.28 참고)

둥글려 매끄럽게 정리한 반죽을 가볍게 오일을 바른 보관 용기에 넣는다. 45분 간격으로 접기 2회를 하며 2시간 이상 실온에서 1차 발효한다.

▶ 식빵 팬 준비(p.63 참고)

*반죽이 잘 달라붙는 팬이라면 유산지를 깔아준다.

5. 성형 및 팬닝

사진과 같이 원통형으로 성형한 다음 이음매를 닫고 이음매가 식빵 틀 바닥에 오도록 팬닝한다. 충전물로 사용한 씨앗이 남아있다면 씨앗을 굽지 않은 채 성형한 반죽에 물기를 묻혀 고루 발라 팬닝한다.(옵션)

*구운 씨앗 또는 구운 견과류를 반죽 표면에 묻힐 경우, 색이 진하게 나기 때문에 타기 쉽다.

6. 2차 발효

28~30℃ 정도의 비교적 따뜻한 실온에서 2~3시간 2차 발효시킨다.

*반죽이 식빵 틀까지 올라와야 한다.

7. 베이킹

피자 스톤과 함께 200℃ 예열된 오븐에서 35분간 굽는다.

8. 식히기

식빵 틀에서 꺼내 식힘 망 위에서 식혀준다.

사용한 재료 정보

▶ 사워도우 밀가루

준강력분 단백질 10.0±1.0% 회분 0.6±0.1%

강력분 단백질 12.0±0.5% 회분 0.4±0.05% (준강력분 대신 사용할 수 있음)

통밀가루 단백질 13.5±1.0% 회분 1.5±0.2%

그래이엄 통밀가루 13.5±1.0% 회분 1.5±0.3%

▶ 스윗앤소프트 사워도우 밀가루

강력분 단백질 13.8±0.5% 회분 0.42±0.03%

박력분 단백질 6.2±0.5% 회분 0.35±0.03%

▶ 비정제 설탕(비정제 원당)

유기농 설탕 또는 백설탕으로 대체 가능

▶ 피자스톤(옵션으로 사용하는 오븐 사이즈에 맞는 제품 선택)

Delonghi 피자스톤 PS-CN 26 x 24cm

참고 자료

▶ 서적

프로페셔널 베이킹Professional Baking, 7th edition, 웨인 기슬렌Wayne Gisslen, 2016

더 사워도우 스쿨The Sourdough School, 버네사 킴벨Vanessa Kimbell, 2018

타르틴 북 넘버3Tartine Book No. 3, 채드 로버트슨Chad Robertson, 2013

▶ 온라인

사워도우 베이킹 블로그 www.theperfectloaf.com